JN273144

[新版]

知っておきたい

屋上緑化の Q&A

財団法人
都市緑化機構 特殊緑化共同研究会
編著

鹿島出版会

新版にあたって

　初版の出版から9年経った今も、屋上緑化に関する問い合わせは多い。しかも質問者の層が拡大している。以前は建築の建て主であるクライアントから、屋上緑化はどのような効果があるのか、維持管理は面倒ではないかという内容の質問、プランナーや施工者からは、屋上緑化をしたことによる法令上の優遇措置や自治体からの助成の条件にはどんなものがあるのか、どんな緑化手法があるのかという施工上の留意点などであり、緑化に関する専門的な内容のものが多かった。しかし最近は屋上に太陽光パネルを置くのと緑化をするのとではどう違うのか、どちらがよいのか、というようなユーザーからの素朴かつ基本的な質問も来るようになってきた。

　これは屋上緑化が世間一般に拡大し世の中に普及した結果、普通の建築設計の一部品あるいは当たり前の環境技術の1つになってきたからではあるまいか。"特殊緑化"ではなく"普通の緑化"へと変化したように感じられる。もっとも屋上緑化の技術論や計画論を40年前からライフワークにしてきた筆者は、初めから屋上緑化は特殊なものと思っておらず、屋上緑化が拡がりを持ち、関心を持つ技術者や研究者が増えてきたことを歓迎したい。

　屋上緑化に関する書籍も増えたが、本書のようなQ&Aのスタイルは要点を押さえており、無駄がなくわかりやすい。屋上緑化を普通のものとしてさらに普及を図りたいと考えている筆者には、本書の内容を改めて読むと、屋上緑化が完成した成熟技術であることを示しており、基本的な技術をまとめた最良の本だと確信できる。

　本書の内容をまとめた研究会の母体も、都市緑化機構と名称を変更し、緑化に関するハードとソフトの両方の事業を推進する組織へと発展した。本書では答えのわからない最新の問題については、本機構のウェブサイトをご覧いただくか直接事務局に訊ねてほしい。屋上緑化の新たな可能性を知っていただけるに違いない。

2012年5月

財団法人 都市緑化機構 理事長
輿水 肇

はじめに

屋上緑化の今日的な意味

　都市化が進み、アスファルトやコンクリートに囲まれた生活を余儀なくされている私たち。そこで近頃、屋上緑化による「空に浮かぶ緑の楽園」のような空間が次々と誕生し、うるおいと、生命感あふれる暮らしを実現する切り札として関心を集めている。

　屋上緑化。それはオフィスでの疲れを癒す場、木陰で語り合う場、交流の場、ガーデニングを楽しむ場、子供たちが芝生の上を転げ回る場、星を見ながら想いにふける場……。

　屋上の草むらにコオロギが棲み、花のまわりをチョウが舞うといった身近な生き物のシーンに驚きを発見することもあるだろう。屋上緑化は、人それぞれに多様な利用を可能にする場づくりの方法であり、技術であり、さらに大げさにいえば「考え方」である。

　今日、私たちは地球温暖化、生物多様性の喪失など様々な環境問題に直面している。

　また、都市においてはヒートアイランド現象、高温化、乾燥化など特有の環境問題が生じている。例えば、この100年間で東京の年平均気温は約2.9℃も上昇し、最近では夏季に熱中症の患者数が増大し、消費電力が過剰に増えて電力不足が懸念されるなど都市環境の悪化は社会問題にまでなっている。

　このような問題に対処するには、今までの大量生産・大量消費・大量廃棄になりがちな社会経済を転換して都市の目指す方向を軌道修正し、人と自然が調和した「環境共生都市」を構築していく必要がある。

　それには都市の緑の将来像について市民・企業・行政がともに皆でよく考え、骨太の計画を立てることが必要だ。公共の緑と民間の緑が総合的に連携して緑のネットワークが形成された、緑の豊かな都市――これらをつくり出すために、テクニカルな手法としては大地上の緑化もあるし、屋上緑化や壁面緑化など人工地盤上の緑化もある。その中で、屋上緑化は個人にとって、また社会にとって深い意味を持っている。

屋上緑化の機能

　場所や方法によって違いはあるものの、一般に屋上緑化には次のような効果がある。

　まず、気温の低減など熱環境改善効果。微気象の緩和効果。空気の浄化効果（CO_2、NO_x、SO_xの吸収、粉塵の捕捉など）、雨水流出の遅延・緩和効果などの環境改善効果。

　例えばビルの屋上を緑化した場合、緑化しない場合に比べて夏季の昼時には表面温度で約30℃低かったというデータもある。屋上緑化によって、周辺の気温や湿度などの微気象の改善効果が重なり合うことで都市の気象状況の改善も期待できる。つまり、ヒートアイランド現象の緩和や都市の乾燥化の抑制に寄与することが可能になる。

　また、植物や水辺の空間は多様な生き物の生息環境となり、都市のエコアップにつながる。さらに「癒し」や疲労回復など心理的効果、生理的効果もある。

　建物レベルでいえば、コンクリートの劣化を軽減する建築物の保護効果もある。また、屋上緑化した階下の部屋の室温が2.0～2.4℃低下したというデータもあり、冷房の省エネルギー効果も期待されている。これらは間接的な経済的効果にもつながるといえる。

このように、同一の空間で様々な効果が複合的に得られることも屋上緑化の特徴である。詳しくは、本文を読んでいただくこととしたい。

屋上緑化への関心に応えて

　2002（平成14）年度に第1回屋上・壁面・特殊緑化技術コンクールが実施された（主催・（財）都市緑化技術開発機構）。これは、屋上など特殊空間の緑化について積極的に取り組み、優れた成果を上げている民間企業、公共団体、個人などを顕彰するもので、屋上緑化などの一層の普及推進を図り都市環境の改善を進め、豊かな都市生活の実現に寄与することを目的としている。オフィス、病院、福祉施設、結婚式場、工場、住宅など、全国から合計104点もの多数の応募作品が寄せられ、屋上緑化などへの関心の高まりをあらためて実感した。

　最近の屋上緑化をめぐる行政の動向、支援制度などを見てみよう。2001（平成13）年5月、国土交通省は緑化施設整備計画認定制度を創設し、「緑の基本計画」に定められた「緑化重点地区」内に整備される一定の条件を満たす緑化施設に対し、固定資産税を5年間にわたり2分の1に軽減する措置を講じた。東京都では、「東京における自然の保護と回復に関する条例」を改正し、敷地面積1,000㎡以上の民間施設および250㎡以上の公共施設を対象に、新築などの機会に、敷地と屋上面積の2割以上の緑化を義務付けている。さらに東京都板橋区、渋谷区、兵庫県など各地の自治体で屋上緑化などの普及推進に関する制度が定められている。このように屋上緑化を普及し支援する制度を設ける自治体の数は増加しており、市民の関心に応える仕組みも整いつつある（記述は旧版刊行時点によるもの）。

　そのような状況の中、いざ屋上緑化を施すにあたっては、知りたいことや確認したいことが数々あると予想される。また、屋上緑化に関する最新情報を得て新たな可能性を考えていく必要があるだろう。このような背景から、（財）都市緑化技術開発機構に設置された特殊緑化共同研究会が企画編集した本が、この『知っておきたい　屋上緑化のQ&A』である。執筆者それぞれの経験を活かし、議論を重ねながら取りまとめてきた成果である。

これからの屋上緑化

　ベルリン中心部の再開発地区。高層ビルから周囲を見渡すと、あちこちに屋上緑化が施されている様子がわかる。「ガーデンシティ」を謳うシンガポールでは、「スカイライズ緑化（空にのぼる緑化）」をテーマに、屋上緑化をはじめ立体的な緑化にも力を入れている。今では日本の屋上緑化事情について、海外から問合せを受けることもあり、世界各地で屋上緑化への関心の高まりを感じる今日この頃である。これも、人と自然の関わりをめぐって環境低負荷型、循環型、自然共生型の都市づくりが必要とされており、また、身近に自然と親しむライフスタイルが求められる中で、その一環として屋上緑化の役割がクローズアップされていることの反映と考える。

　本書が屋上緑化に寄せられた関心にお応えし、今後一層の屋上緑化の普及推進に役立つことを心から願っている。

2003年12月（初版刊行時）

　　　　　　　　　　　　　　　　　　財団法人 都市緑化技術開発機構 都市緑化技術研究所長
　　　　　　　　　　　　　　　　　　　　　（現 財団法人 都市緑化機構 研究顧問）
　　　　　　　　　　　　　　　　　　　　　　　　　　　　　　半田眞理子

[新版]知っておきたい 屋上緑化のQ&A　もくじ

新版にあたって　2
はじめに　3

1章　屋上緑化の効果・効用

Q.01　屋上緑化することの意義とは。　18
Q.02　屋上緑化にはどのような効果があるのか。　20
Q.03　ヒートアイランドとはどのような現象か。また原因は何か。　22
Q.04　屋上緑化はヒートアイランド現象を緩和できるのか。　24
Q.05　屋上緑化による省エネルギー・省資源効果はどの程度あるのか。　26
Q.06　屋上緑化の方法によって省エネ効果に違いはあるのか。　28
Q.07　輻射熱とは何か。また屋上緑化することにより、輻射熱が軽減できるとはどういうことか。　30
Q.08　屋上緑化の雨水貯留効果、遅延効果はどの程度あるのか。　32
Q.09　樹木の大気浄化効果はどの程度あるのか。　34
Q.10　屋上緑化で、二酸化炭素(CO_2)の吸収固定は期待できるのか。　36
Q.11　樹木の騒音低減効果はどの程度あるのか。　38
Q.12　屋上緑化には階下への騒音低減効果を期待できるか。　40
Q.13　屋上緑化で建築物が保護されるというのはどういうことか。　42
Q.14　長期間屋上緑化を行った場合、植物、植栽基盤、建物躯体などの経時変化がわかるデータはあるか。　44
Q.15　屋上緑化は生物の生息空間として効果はあるのか。また、生物を誘致できる高さはどのくらいか。　46
Q.16　屋上緑化の心理的効果にはどのようなものがあるのか。　48

2章　屋上緑化の計画

Q.17　屋上緑化と地上への植栽との違いは何か。その留意点は。　52
Q.18　屋上緑化を行う場合の「やらなくてはいけないこと」と「やってはいけないこと」とは。　54
Q.19　既存建物の屋上を緑化する場合、新築の場合と比較して、どういった点に留意したらよいか。　56
Q.20　環境に配慮した屋上緑化を実施するためには、どのような点に注意したらよいか。　58
Q.21　ライフサイクル評価と屋上緑化との関係は。　60

Q.22	集合住宅、事務所ビル、集客施設、公共建物など、種類や用途の異なる建物では、緑化計画や手法が変わるのか。	62
Q.23	駐輪場の屋根を緑化することはできるか。	64
Q.24	立体駐車場の上を緑化することはできるか。	66
Q.25	屋上ビオトープとは何か。またそれをつくるには。	68
Q.26	植物がなくても土壌と水分さえあればいいのでは。	70
Q.27	屋上菜園をつくるには。また軽量土壌でも野菜は栽培できるのか。	72
Q.28	園芸療法を考慮した屋上ヒーリングガーデンをつくるには。	74
Q.29	メンテナンスが少なく、ランニングコストがあまりかからない屋上緑化方法とは。	76
Q.30	屋上緑化のイニシャルコストとランニングコストはどのくらいか。	78
Q.31	建物屋上の重量が大きくなれば、建物の建設費は大幅にアップするのか。	80

3章　屋上緑化の設計

Q.32	屋上緑化に適した植物とは。	84
Q.33	セダムとはどのような植物か。	86
Q.34	常緑キリンソウとはどのような植物か。	88
Q.35	セダム緑化とはどのような緑化か。また、どのような工法があるのか。	90
Q.36	セダム工法以外にも薄型で軽量な工法にはどんなものがあるのか。	92
Q.37	セダム緑化工法や薄層緑化工法での留意点は。	94
Q.38	メダカやヤゴなどの生物が棲むような池づくりのポイントは。	96
Q.39	建物の積載荷重や、屋上に使用する資材の重さはどのくらいか。	98
Q.40	屋上緑化に使用する土壌を選ぶ基準や必要な土壌の厚さは。	100
Q.41	排水層の目的と使用する材料や断面構造は。	102
Q.42	屋上緑化で使われる嵩上げ材とは何か。使うときの留意点は。	104
Q.43	屋上緑化する際の漏水防止対策の留意点は。	106
Q.44	屋上緑化に適した防水層とは何か。	108
Q.45	耐根層・耐根シートに必要な性能とは何か。	110
Q.46	屋上や室内にタケ類を植栽する場合の留意点は。	112
Q.47	既存屋上やバルコニーの防水層の種類を見分けるポイントは。	114
Q.48	既存建物の屋上緑化での防水層の改修時期は。	116
Q.49	屋上に使用する土留め材の種類と特徴は。	118

Q.50	屋上で使用する床材の種類と留意点は。	120
Q.51	屋上ではどのような風が吹くのか。風速が大きいようだが大丈夫なのか。	122
Q.52	風対策にはどのような方法があるのか。	124
Q.53	屋上緑化に樹木を使用する際の支柱の種類は。	126
Q.54	灌水にはどのような方法があるのか。	128
Q.55	灌水設備を設置する上での留意点は。	130
Q.56	雨水を有効利用した灌水方法とは。	132
Q.57	屋上やベランダガーデンにおける安全対策や近隣への配慮とは。	134

4章　屋上緑化の施工

Q.58	屋上緑化を施工する上でどんなことが大切か。	138
Q.59	屋上緑化と一般の緑化で施工コストの違いは。	140
Q.60	屋上緑化を施工する手順は。	142
Q.61	荷揚げに関する注意点は。	144
Q.62	養生の注意点は。	146
Q.63	植栽工事での注意点は。	148

5章　屋上緑化の維持管理

Q.64	屋上緑化と一般の緑化との管理方法の違いは。	152
Q.65	屋上緑化とバルコニー緑化との管理方法の違いは。	154
Q.66	植栽の年間で行う定期管理と日常的に行う維持管理の内容とは。	156
Q.67	灌水の間隔と水量はどのくらいか。また、灌水の時間帯は。	158
Q.68	屋上ビオトープの管理方法は。	160
Q.69	セダム緑化の管理方法は。	162
Q.70	減農薬・無農薬での病虫害管理の方法は。	164
Q.71	屋上緑化での除草方法は。また、雑草と共存はできるのか。	166
Q.72	屋上緑化での鳥害の防止対策は。	168

資料

屋上緑化の推進制度　172
屋上緑化の普及状況　174
屋上緑化の建物用途　176
主な参考図書・文献　178
主な屋上緑化資材メーカー　179

おわりに　180
財団法人 都市緑化機構 事務局　180
財団法人 都市緑化機構 特殊緑化共同研究会・名簿　181
本書執筆者一覧　182

カバー掲載写真

① グリーンプラザひばりが丘南（東京都西東京市）
② トヨタ自動車堤工場（豊田市）
③ In The Park 荻窪（東京都杉並区）
④ ヴィークコート検見川浜（千葉市）
⑤ なんばパークス（大阪市）
⑥ 品川エコ・ヒーリングガーデン（東京都品川区）
⑦ 新国際ビル（東京都港区）
⑧ 新国際ビル（東京都港区）
⑨ 品川区立戸越台特別養護老人ホーム（東京都品川区）
⑩ 品川区立戸越台特別養護老人ホーム（東京都品川区）
⑪ 郵船ビルディング（東京都千代田区）
⑫ The Center Tokyo（東京都新宿区）

屋上緑化の効果・効用

都市のヒートアイランド対策の1つとして屋上緑化が寄与すると期待されている。また、屋上を緑化すると階下の天井面温度が冬季には高く、夏季には低くなり断熱効果があることがわかる。

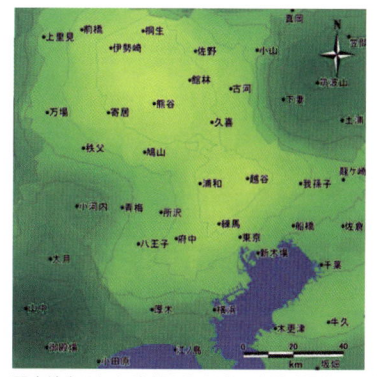

関東地方における気温30℃以上の合計時間数の分布（5年間の年間平均時間数）、1980〜1984年

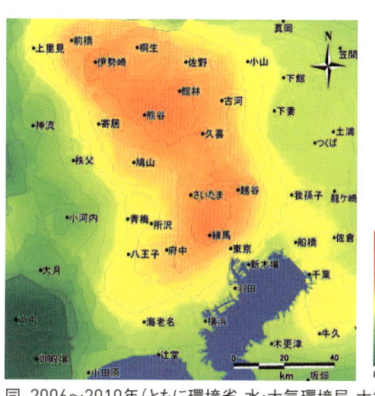

同、2006〜2010年（ともに環境省 水・大気環境局 大気生活環境室『ヒートアイランド対策マニュアル(2012)』）

建物の屋上を緑化したシミュレーション（東京・池袋、東京工業大学・梅干野晁教授による）

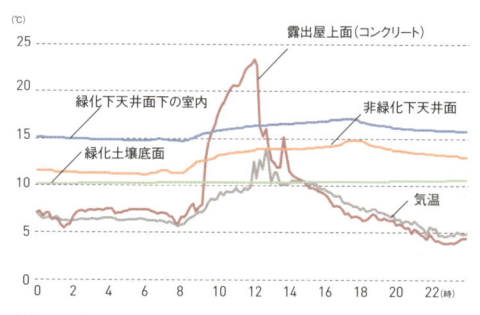

緑化面と非緑化面の温度変化・冬
（東京・足立区役所北館、2009年12月25日）

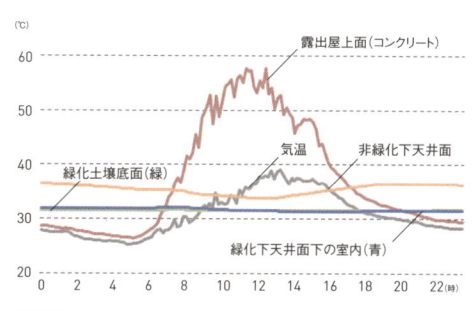

同・夏
（同、2010年8月30日）

緑化前後と経年変化

屋上緑化は竣工で完成するものではなく、
経年変化によってより豊かな緑環境が得られるのも特徴である。

神奈川・川崎チッタファーム

同、屋上緑化後

神奈川・東京ガスワンダーシップ環境エネルギー館竣工時

同、5年後

アクロス福岡 ステップガーデン、竣工時

同、15年後

計画・荷重条件と緑化

建物の屋上に植栽や土壌を整備するにあたり、新築か既存か、建物構造などによって荷重条件が異なり、植栽の種類も変わってくる。

500kgf/㎡(4,900N/㎡)以上——横浜・アメリカ山公園(立体公園)

500kgf/㎡(4,900N/㎡)——東京・コマツビル

300kgf/㎡(2,900N/㎡)——東京・品川エコヒーリングガーデン

180kgf/㎡(1,800N/㎡)——東京・コマツビル

130kgf/㎡(1,300N/㎡)——恵比寿グリーンガーデン

60kgf/㎡(600N/㎡)——東京・コマツビル

屋上庭園

建物屋上に人が入れ、緑化を身近に楽しめる屋上庭園の事例が増えている。

アクロス福岡 ステップガーデン

大阪・なんばパークス

東京・髙島屋日本橋店

東京・髙島屋玉川店

東京・丸井新宿店

東京・The Center Tokyo（集合住宅）

屋上ビオトープ

都市に緑が甦り、生態系の安定や充実が期待されているビオトープ。

既存プールをビオトープ化した、東京・ビオトープ原宿の丘

東京・清水建設技術研究所 万葉の里

学校の屋上につくられたビオトープ、東京・実践学園

病院の屋上につくられたビオトープ、大阪豊中市・小曽根病院

既存建物の屋上につくられたビオトープ、東京・新国際ビル

ミニビオトープガーデンの例、東京・品川区役所

水田、菜園、園芸療法

屋上緑化のバリエーションとして、様々な食物の栽培が行われていたり園芸療法として屋上緑化が取り入れられている事例もある。まさに都市と緑の共生の一例。

水田──首都高速・大橋換気所屋上、自然再生緑地『おおはし里の杜』
撮影協力:首都高速道路(株)

貸し菜園──神奈川・川崎チッタファーム

貸し菜園──東京・恵比寿グリーンガーデン

エディブルガーデン──東京・恵比寿グリーンガーデン

園芸療法──大阪・淀川暖気の苑

園芸療法──千葉・総泉病院B館

駐車場、駐輪場の緑化

多くの利用者の集まる商業施設、公共施設、集合住宅などに建設される駐車場、駐輪場では、都市の中で集合化され規模も大きくなっており、景観面の配慮や夏季の温熱環境の改善、緑化条例への対応など工夫をこらした緑化する事例も見られる。

マンション立体駐車場の屋上緑化──東京・豊洲

立体駐車場の屋上菜園──神奈川・ラゾーナ川崎

立体駐車場の屋上緑化──東京・In The Park荻窪

半地下駐輪場の公園化──東京・西東京市あらやしき公園

タマリュウ(無灌水)を用いた駐輪場の緑化
──東京・グリーンプラザひばりが丘南

セダムマットを用いた駐輪場の緑化──千葉・ヴィークコート検見川浜

薄層緑化

薄型で軽量な薄層緑化工法は荷重条件が厳しい、維持管理の容易な緑化などを目的に開発され、環境改善効果も高く注目されている。

ノシバ（無灌水）を用いた薄層緑化――東京・グリーンプラザひばりが丘南

芝屋根――ドイツ

タマリュウと砂利を用いた薄層緑化――東京・京王プラザホテル

セダムによるゴンドラレールの緑化――東京・郵船ビルディング

シバの薄層緑化による折板屋根緑化――埼玉・ららぽーと新三郷

ソーラーパネルとシバの薄層緑化が並ぶ屋根――愛知・トヨタ自動車堤工場

1章

屋上緑化の効果・効用

Q.01 屋上緑化することの意義とは。

A. 屋上緑化は過密化する都市に緑化空間をつくる有効な手段の1つで、緑あふれる環境共生都市を目指す意義がある。

限界に達した都市から緑あふれる環境共生都市へ

　私たちが住んでいる現代の都市は、大量に物や情報の生産、流通、消費が繰り返されるたいへん便利で刺激的な空間です。しかし一方では、豊かな緑はコンクリートに置き換わり、大量の廃棄物や排熱などによって深刻な大気汚染や水質汚濁が発生、ヒートアイランド【→Q.03】といった局地的な異常気象までも起きています。これでは、便利さと引き換えに住まう快適さを犠牲にしていることになります。そこで、緑あふれる環境共生都市を目指すために、次の3つの目標を挙げることができます。

　第一の目標は、都市の環境に対する影響を少なくすること(low impact)です。エネルギーの利用を最小限にし、自然の緑の有効利用を図ることで全体としての環境への悪影響が少ない都市を目指すものです。

　第二の目標は、循環(circulation)ということです。近代都市では、自然の循環過程と違って、水や大気などの自然循環や植物を媒介とした物質循環が途切れていますので、そこで、自然循環過程を都市構造に組み込みながら新しい形での循環システムの再生を目指そうというわけです。

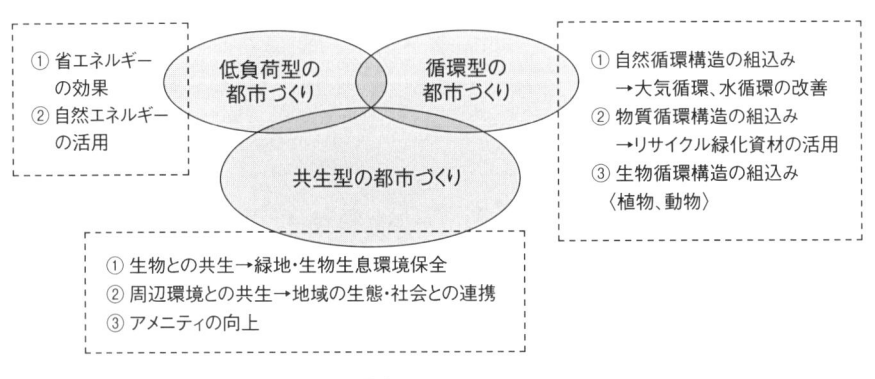

```
┌─────────────┐   ╱──────╲  ╱──────╲   ┌─────────────────────┐
│ ① 省エネルギー│  ╱ 低負荷型の╲╱ 循環型の ╲  │ ① 自然循環構造の組込み│
│    の効果    │ │ 都市づくり  ││ 都市づくり │ │   →大気循環、水循環の改善│
│ ② 自然エネルギー│ ╲        ╳        ╱  │ ② 物質循環構造の組込み│
│    の活用    │  ╲──╱ 共生型の ╲──╱   │   →リサイクル緑化資材の活用│
└─────────────┘    │ 都市づくり │      │ ③ 生物循環構造の組込み│
                    ╲          ╱       │   〈植物、動物〉      │
                     ──────           └─────────────────────┘
┌──────────────────────────────────────────┐
│ ① 生物との共生→緑地・生物生息環境保全          │
│ ② 周辺環境との共生→地域の生態・社会との連携    │
│ ③ アメニティの向上                              │
└──────────────────────────────────────────┘
```

図1　緑あふれる環境共生都市の目標と屋上緑化の位置付け

第三の目標は、共生(symbiosis)ということです。人間どうしの間だけでなく、緑(植物)や生物との間とも共存できる環境づくりこそが新しい都市の目標なのです。

緑あふれる環境共生都市と屋上緑化

　新しい緑あふれる環境共生型都市づくりの中で、緑化が果たすべき役割は、非常に大きいといえます。直接的には、個々の建築物、さらに都市全体に緑を活用することによって、省エネルギー型の都市づくりが可能ですし、また都市を構成する様々な人工的なものと緑が結びつくことで多様な機能が生まれ、経済効果やアメニティの向上効果、精神的効果が期待できます。

　しかし一方で、欧米の諸都市と比較すると、過密化する日本の都市の緑はきわめて貧弱であり、緑化空間の急速な拡大、改善は当分望めそうにもない現実があります。そこで、建物などに付属し従来緑化が不可能と思われていた屋上空間に着目し、都市緑化を飛躍的に進める切り札としていこうとしています。

　こうした緑化が可能な屋上空間は、決して少なくありません。泉、松山の調査によれば、東京23区の屋上面積(傾斜屋根を含む)はおおよそ16,500haと試算され、屋上だけでも明治神宮内苑の約200倍を有するという結果が出ています[*1]。また、今後都市はますます垂直的、重層的に展開すると予想され、それとともに緑も垂直的に展開する必要が出てきます。

　そして、これらの屋上緑化空間が広がりを持つことで、緑のネットワークが形成され、"クールアイランド"など都市環境に望ましい様々な波及効果が得られます。つまり、屋上緑化により、都市の緑が復活し、都市の生態系(エコシステム)が安定・充実すると考えられます。

　したがって、屋上緑化は、これからの都市づくりの鍵ということができるのです。

図2　東京・池袋、建物の屋上を緑化したシミュレーション(東京工業大学・梅干野晁教授による。9ページ参照)

参考文献　*1 泉岳樹、松山洋「東京都23区における屋根面積の実態把握と屋上緑化可能面積の推計」『日本建築学会計画系論文集』第581号、pp.83-88(日本建築学会、2004)／*2 三上岳彦「都市の緑とクールアイランド効果」『日仏工業技術』Vol.54(2)、pp.36-40(日仏工業技術会、2009)／*3 (財)都市緑化技術開発機構・特殊緑化共同研究会編『新・緑空間デザイン普及マニュアル(特殊空間緑化シリーズ1)』(誠文堂新光社、1995)

Q.02 屋上緑化にはどのような効果があるのか。

A. 環境改善効果、経済効果、利用効果など多様な効果がある。

　屋上緑化の効果は、大きく3つに分類されます。環境改善効果は、身近な周辺環境改善の他、地球温暖化防止など都市全体に関わる環境改善にも寄与しています。経済効果は、建物寿命の延命や集客収益的な効果が期待できます。利用効果は、建物を利用する人が和み癒される心理的効果が期待できます。

環境改善効果

ヒートアイランド緩和効果——都市の気温が周辺地域の気温より高くなるヒートアイランド現象は、アスファルトやコンクリート面の増大や、エネルギー使用量の増大が影響しています。建物の屋上を緑化することで、コンクリート面を軽減するだけでなく、植物や土壌の蒸散作用によって熱エネルギーが消費されます。この効果によってヒートアイランドを軽減することが期待できます。

雨水流出抑制効果——通常、降った雨水は、地表土壌に浸透し貯水され、余剰水が河川などに流れ込みます。しかし都市では、コンクリートやアスファルトに覆われているため、雨を蓄える場所が少なくなってきています。屋上緑化は、雨水を屋上に蓄え、あふれた分だけを流出させます。最近都市部で、短時間に激しく雨が降る現象が多く、水害を起こして問題となっていますが、その対策として屋上緑化は大きな働きをします。

地球温暖化防止効果——大気中の温室効果ガス（二酸化炭素など）の増加は、地球規模の温暖化を引き起こしているといわれています。これは、石油など化石燃料の過度な利用が影響しています。植物、特に樹木は、光合成によって二酸化炭素を吸収し、有機物を作り出すことで、体内に温室効果ガスをストックしていきます。また土壌も、植物の葉・茎・根などの有機体を分解していきますが、一部をストックすることができます。これらの効果が温室効果ガスの軽減に役立ちます。

生物多様性効果——屋上緑化によって植物層が豊富になれば昆虫層も豊かになります。また鳥類も飛来して昆虫類を捕食するようになります。水辺などビオトープ（多様な生物の生息場所）づくりに配慮すれば、生物相はもっと豊かになっていきます。屋上緑化は、地上に点在する緑地を結ぶネットワークとしての役割も持っています。

大気汚染の緩和効果──植物は窒素酸化物や硫黄酸化物などの大気汚染物質を吸収する働きもあります。また、粉塵が葉の表面に付着して大気を浄化させる効果も期待できます。光合成による二酸化炭素の吸収や酸素の放出も、大気の浄化に役立っています。

経済効果

建物の省エネと劣化防止効果──通常、屋上のコンクリート面は太陽光で熱せられ、その熱が建物内に伝わりフロアの温度上昇につながります。屋上緑化を行うことで、コンクリート面の温度上昇を防ぎ、空調の省エネに大きく寄与します。またこの効果で、温度差による建物の伸縮を抑制して劣化を防ぎ、建物の延命効果も期待できます。

集客効果──商業施設の屋上などは、屋上に憩いの空間を形成することで、施設の魅力を高めることや、リピーター顧客の増大など集客への貢献が期待できます。

収穫、収益効果──屋上菜園など都心の屋上で収穫を楽しむことは、お金を出してでも体験したいニーズを引き出します。このようなニーズの創出に、屋上緑化は一役買うことができます。

利用効果

通風、日射遮蔽効果──樹木による日射遮蔽は、適度な通風と、穏やかな日影を提供してくれます。無機物な資材では味わえない緑地空間の創出は、利用する人たちの憩い効果を高めることに役立ちます。

生理、心理効果──建て詰まった市街地に、屋上緑化によって庭が生まれるのは大きな喜びです。屋上緑化は、開放的な空間であり、緑と空と日差しなどによって心をリフレッシュさせる効果が生まれます。

写真1　屋上菜園の例（東京都内）

Q.03 ヒートアイランドとはどのような現象か。また原因は何か。

A. 周りよりも気温の高い「熱の島」のこと。
人工排熱やアスファルトの増加や緑地減少が原因とされている。

地図に等高線がありますが、それと同様に気温が同じところを線で結んで「等温線」を地図上に描いてみると、そこだけ熱の島のように周りよりも気温が高くなっている地域があります。これをヒートアイランド現象と呼びます【図1】。一般に、ヒートアイランド現象とは、都心部の気温が郊外に比べて島状に高くなる現象をいいます。

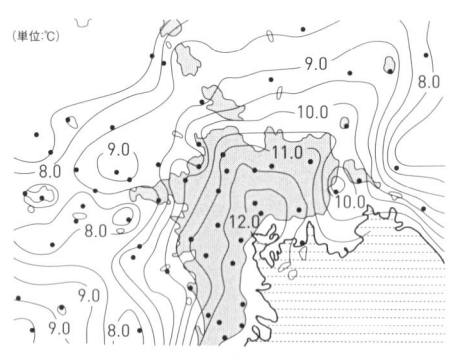

図1　東京における地上気温分布（11月、夜間晴天時22時）*1

ヒートアイランド現象は多くの都市で確かめられています。特に風のない夜間は都市内外の気温差が大きく、その温度差は、ときには5℃以上になることもあります。

東京の年平均気温の上昇と高温地域の分布

東京の年平均気温は、【図2】に示すように1900年を過ぎた頃から年々上昇し続け、過去100年で約3.0℃の上昇がみられます。他の大都市の平均上昇気温は【表1】に示すとおり約2.2℃〜3.0℃上昇しています。気温上昇の原因には、温暖化の影響もありますが、ヒートアイランド現象を含む都市温暖化の傾向が、顕著に現れていると考えられています。

東京地域の温度分布をみると、9ページに示すように、1980〜1984年

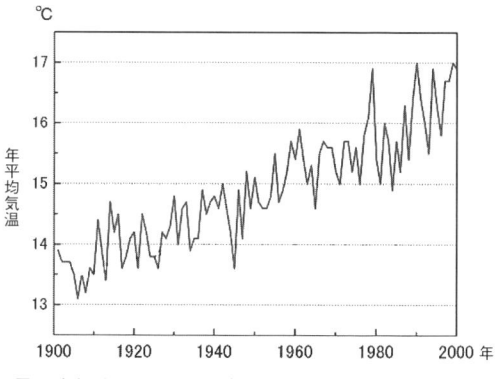

図2　東京の年平均気温の推移（帝京大学・三上岳彦教授による）

表1 日本の各都市における気温の推移*2

都市	データ開始年	100年あたりの上昇量(℃/100年)			日最高気温(年平均)	日最低気温(年平均)
		平均気温				
		年	1月	8月		
札幌	1901年	+2.3	+3.0	+1.2	+0.9	+4.1
仙台	1927年	+2.2	+3.3	+0.2	+0.8	+3.1
東京	1901年	+3.0	+3.8	+2.4	+1.8	+3.9
名古屋	1923年	+2.7	+3.4	+1.8	+1.1	+3.8
京都	1914年	+2.6	+3.0	+2.2	+0.7	+3.7
福岡	1901年	+2.6	+1.9	+2.1	+1.1	+4.1
中小都市平均	1901年	+1.1	+1.0	+0.9	+0.7	+1.5

と2000〜2007年とのそれぞれ平均5年間における比較で、30℃以上の合計時間数の地域分布が、高温地域の温度そのものが全体的に上昇するとともに、高温地域の範囲が拡大している様子がわかります。

ヒートアイランド現象の主な原因

ヒートアイランド現象の主な原因として、次の要因が考えられます。

①地表面被覆の変化

アスファルト、コンクリートなどの人工的被覆が増え、緑地や水面など自然的被覆が減少したことです。アスファルトの道路は昼間の日射を受けて高温となり、夜間には蓄積された熱が放出されます。一方、緑地に気温低減効果やクールスポット形成の機能があることは多くの研究で実証されており、緑地面積が小さくなると植物による蒸発潜熱（水分が蒸発散することにより熱を奪うこと）が減少します。その結果、気温低減効果が十分に発揮されず、ひいては都市の高温化が進むことになるのです。

②人工排熱の増加

都市化にともない、空調の使用、自動車の走行、工場などの生産活動などによる各種のエネルギー消費量が増え、これらに起因する人工排熱が増加しています。

③都市形態の変化

都市の構造、建物の配置や建て方などが変化し、熱環境に影響を与えています。特に高層建物の壁面の多重反射などによって、都市の構造物が加熱されやすくなっています。

これらが悪循環になり、ヒートアイランド現象が促進されています。近年、大都市では夏に局地的な雷雲が発生し、突発的な激しい雨が降って浸水することが多くなっていますが、これもヒートアイランド現象が原因と考えられています。

参考文献　*1 山添謙、一ノ瀬俊明「東京およびその周辺地域における秋季夜間の晴天時と曇天時のヒートアイランド」『地理学評論』67A(8)、pp.551-560(日本地理学会、1994)より作成／*2 気象庁資料

Q.04 屋上緑化はヒートアイランド現象を緩和できるのか。

A. 1つの手法であるが、屋上緑化の方法・建物の条件などによりその効果は異なる。

ヒートアイランド現象の緩和に寄与する屋上緑化

　夏のヒートアイランド現象を抑制するためには、熱容量の大きなRC造建物や舗装道路に直接日射を当てずに緑で包むこと、緑と人工物とを融合させることが有効です。その1つの手法として屋上緑化は効果的といえます。ただし、東京工業大学・梅干野晁（はやの）教授が指摘しているように、その効果は、屋上緑化の仕様、植物の種類のほか、対象建物の地理的条件・仕様、室内の条件などにより大きく異なります。

　一例として、梅干野教授によるシミュレーションによれば、【図1】の組み合わせ（東京の一般的な事務所ビル最上階の部屋で、熱帯夜の夏日）のとき、冷房していない部屋の日中の最高気温は、断熱材によって10℃以上【図2】、さらに、外断熱の屋根への植栽によってさらに2℃程度低減できますが、植栽土壌の厚さなどによりこの効果も異なることが予想されます。また、断熱層が大きく効いていることもわかります。【図3】は、同様の条件で冷房時の場合ですが同様のことがいえます。

屋上緑化の多様な機能やスケール感覚を理解する

　屋上緑化は通常、ヒートアイランド現象の緩和のために行われているだけではないので、【Q.02】で述べたような身近な環境や都市全体の環境の改善に資する多様な機能を理解することが大切です。また、都市全体を覆うような広範囲のスケールで捉えられるヒートアイランド現象の対策を検討するには、都市形態や地表面被覆の改善といった大きなスケールから、人工排熱の削減、ライフスタイルの工夫など細かなスケールにまで議論がおよびます。屋上緑化による気温低減効果などについては各種の研究成果がありますが、それだけでこの現象が解消されると結論づけるには注意が必要です。ただ、屋上緑化の持つ効果によって、その緩和に寄与できるとはいえるでしょう。計画の際には、あくまでも条件を総合的に判断し、ヒートアイランド現象を緩和できるような適切な屋上緑化手法を考えることが大切です。

ヒートアイランド現象の緩和策

そのほか、ヒートアイランド現象の緩和策としては、次のような様々な対策が考えられます。

① 設備の省エネルギー化・人工排熱の削減
- エネルギー消費機器の高効率化・最適利用（照明設備・空調設備など）

② 建物の改良
- 建物の断熱（断熱材の使用、窓ガラスの断熱など）
- 建物の熱負荷の低減（建物緑化、保水性・反射率の改善を考慮した建材の使用など）

③ 道路舗装の改良
- 造水・保水・遮熱舗装の採用

④ 自然エネルギー・未利用エネルギーの利用
- 太陽熱利用、太陽光発電、風力発電、ハイブリット化など
- 未利用用水の利用（海水、河川水、下水など）
- 廃棄物からのエネルギー回収（廃棄物発電、熱供給など）

⑤ 地域対策
- 都市排熱の利用（工場、地下鉄、ビル、発電所、変電所など）
- 地域冷暖房
- 都市交通対策（交通量の低減・乗入れ規制・自転車や低公害車の利用促進など）

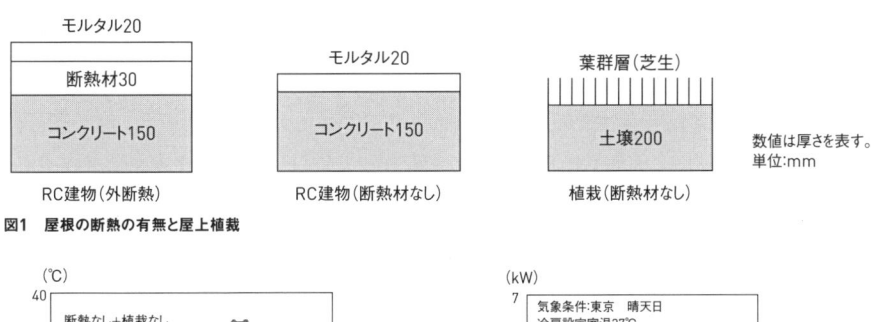

図1 屋根の断熱の有無と屋上植栽

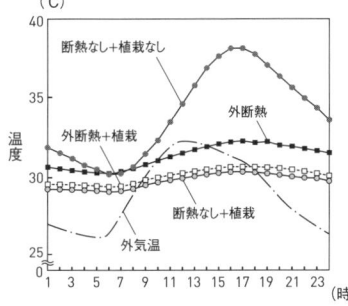

図2 屋上植栽した場合と断熱の有無による夏季の室温変化の違い（冷房なし）

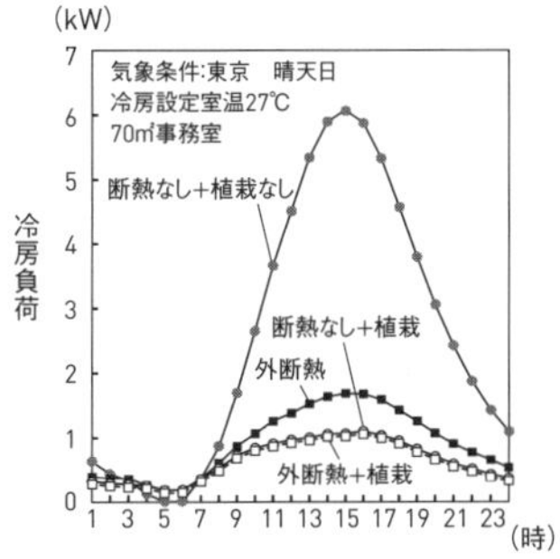

図3 屋上植栽した場合と断熱の有無による空調負荷の違い（冷房27℃）

参考文献　梅干野晃「連載「緑」第8回 緑が都市を変える 屋上緑化とヒートアイランド」『土木学会誌』2002年12月号（土木学会）

Q.05 屋上緑化による省エネルギー・省資源効果はどの程度あるのか。

A. 特に夏季には、屋上コンクリート層から屋内への熱の流入量はほとんどゼロとなり、冷房負荷の節減になると考えられる。

屋内への熱の流入量の違い

　屋上緑化により、夏季の建物への熱の流入を大きくカットすることができます。屋上のコンクリート面は夏季の強烈な日射を受けると表面温度が日中ぐんぐん上昇し、60℃前後に達します。そのため、熱が屋上コンクリート層を伝わって最上階の室内に流入してしまいます。屋上コンクリート層の下面または上面に断熱層が設けられている場合でも、熱の流入は抑制されますが、温度差があることに変わりはないため、じわじわと屋内側に熱は流入し続けます。さらに困ったことに、夕方になって外が涼しくなりはじめても、屋内に入った熱は外に出て行かず屋内にこもるため、冷房装置を稼働させて強制的に熱を排出する必要があります。

　それに比べ、屋上緑化をしている場合、植物層が光合成のために日射エネルギーを使用したり、植物の葉から水が蒸散して気化熱が消費されるため、植物層の下では、気温は外気と同程度または少し下回ります。そのため、屋上コンクリート層への熱の伝達量は著しく小さくなり、屋内への熱の流入量はほとんどゼロとなります。

ビル屋上での熱流観測データ

　上に述べた熱の流入抑制効果を、ある夏の晴天日早朝から翌日早朝まで測定した東京都港区赤坂・鹿島KIビルの低層棟(6階建て)の屋上での熱流観測*1の場合で見てみます。この日は13時前に最高気温が約37℃に達し、12時20分に屋上タイルの表面は最高温度の56.6℃に達しました。

　屋上は全面で屋上緑化が行われていますが、①日向の通路の舗装面(日向舗装面)、②机を置いて日陰を与えた舗装面(日陰舗装面)、③カンツバキの低木が密植された場所での地表面(低木下地表面)、で表面温度と屋外から屋上コンクリート層への熱流が測定されました【写真1】。【図1】は、同日午前4時〜翌日午前6時までの熱流の推移を表したものです。なお、この日は休日で、冷房は運転されていません。

　①日向舗装面では10時30分に最高値507W/㎡を示しました。これは日中、屋上コ

ンクリート層への蓄熱が進んで同層が熱くなるにつれて熱流は小さくなり、15時10分には熱流の向きが反転し、同層から屋外側へ向かって熱が放射され、徐々に弱まりながらも翌日の早朝、放射冷却によって同層の温度が十分下がるまで続いています。【図1】で示してはいませんが、屋上コンクリート層が熱くなる午後から明け方まで、屋内側への熱流が続いています。

② 日陰舗装面では日陰による効果が見られ、日中は概ね50W/㎡でした。①日向舗装面ほど屋上コンクリート層の温度が上昇しないため、熱流の方向が反転する時刻は日向舗装面より遅く、17時20分でした。

③ 低木下地表面では②日陰舗装面よりもさらに熱の流入が小さく、最高でも約33W/㎡でした。表面を覆う密植された低木のおかげで屋上コンクリート層が熱を蓄えないため、夕方から明け方にかけて屋外に向かう熱流が見られません。【図1】で示してはいませんが、この場所の土の底での熱流は日中屋上コンクリート層に向かいますが、このグラフの尺度では読み取れないほどわずかなものでした。

写真1　計測ポイントの位置（①日向舗装面、②日陰舗装面、③低木下地表面）

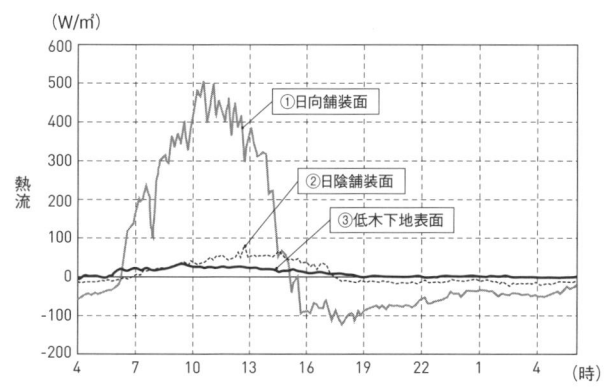

図1　場所による熱流の違い（1993年8月12日（晴天日）、鹿島KIビル低層棟屋上）

参考文献　野島義照他「屋上緑化による夏期の建築物及び都市の熱負荷の軽減効果の実証的研究」『日本緑化工学会誌』第20巻、第3号、pp.168-176（日本緑化工学会、1995）

Q.06 屋上緑化の方法によって省エネ効果に違いはあるのか。

A. 植栽基盤が厚いほうが、日射熱の屋内への流入を遮る効果が大きく、省エネ効果も高いと考えられる。

屋上緑化の方法による日射熱の屋内への流入量の違い

　植栽基盤が薄い屋上緑化より植栽基盤が厚いもののほうが、日射熱の屋内への流入を遮る効果が大きいと考えられます。それだけではなく、排水層の素材・厚さ・含水量・土壌層の厚さ・含水量、植栽の種類が違えば日射熱の屋内への流入量が異なることが予想されます。また、単に屋上に土を載せておくだけよりは乾燥に良く耐えるセダム類(メキシコマンネングサの仲間)を植えたり、さらにはセダム類よりは芝生にしたり、芝生よりは低木を密植したほうが、日射熱の屋内への流入を遮る効果が大きいでしょう。
　代表的な屋上緑化の断面構造として以下のようなものが考えられます。
① 低木植栽地(排水層の厚さ5cm程度、土壌層の厚さ30cm程度)
② 芝生地(排水層の厚さ5cm程度、土壌層の厚さ15cm程度)
③ 薄層芝生地(排水層の厚さ5cm程度、土壌層の厚さ10cm程度)
④ セダム類による被覆地(排水層の厚さ5cm程度、土壌層の厚さ5cm程度)
⑤ 池(屋上面に遮水シートを張り、空調排出水を溜めて池をつくる場合)
　この①〜⑤の各タイプの屋上緑化を行った場合、日中の夏の外部空間から屋上のコンクリート層への熱の流入状況は以下のように推定されます。
① **低木植栽地**——後述するシンガポールでの計測例では常時屋内側から熱を吸収しているように、葉からの水の蒸散による潜熱量が大きく熱の流入はほとんどない。
② **芝生地**——①よりも屋上面での潜熱消費量は劣るが、土壌の底面では熱流はほとんどない。
③ **薄層芝生地**——土壌厚が小さいため、熱の流入が②よりほんの少し大きくなる程度。
④ **セダム類による被覆地**——②や③と比較すると流入を抑える性能はやや劣る。
⑤ **池**——暖まりにくく冷めにくい水の特徴により、午前中は屋上コンクリート層から熱を吸収し、午後になって水温が高くなるとかなりの熱が屋上コンクリート層に流入する。

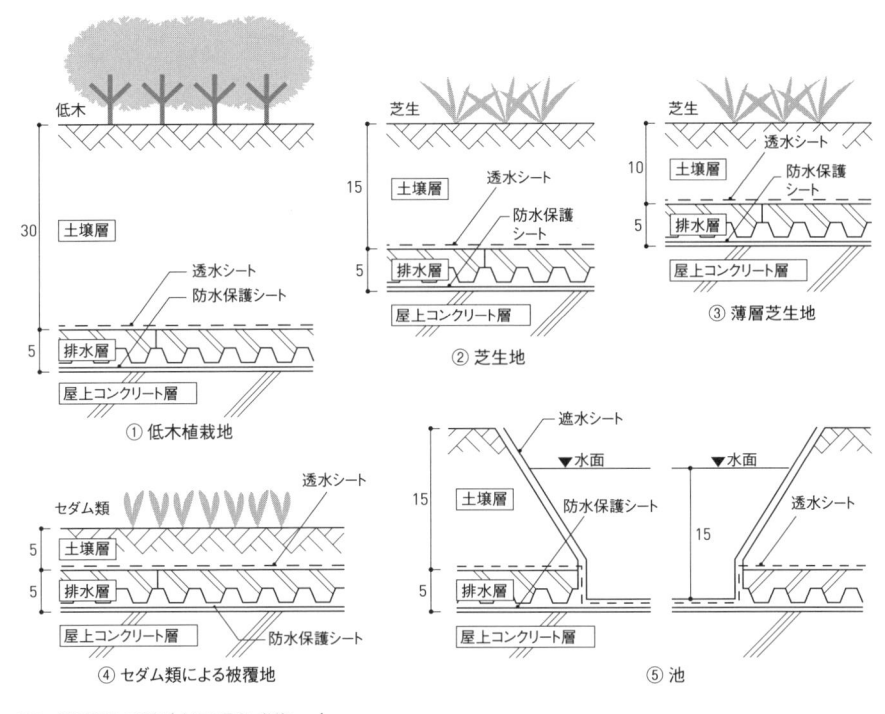

図1　断面構造の種類（寸法は目安、単位：cm）

① 低木植栽地
② 芝生地
③ 薄層芝生地
④ セダム類による被覆地
⑤ 池

シンガポールにおける屋内への熱流の計測事例

　淡路島ほどの面積の熱帯の島国シンガポールでも、近年立体駐車場の屋上などで庭園風の屋上緑化が積極的に行われています。2002年10月にシンガポールで開かれた国際会議で屋上緑化による効果についての発表があり*1、各種の屋上面における屋内への熱流の計測結果が右図

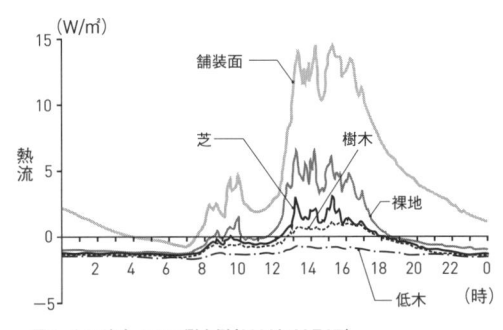

図2　シンガポールでの測定例（2001年11月4日）

のとおり報告されています。無被覆の屋上では、屋上コンクリート層が熱を蓄えた後、13時以降に屋内へ向かう熱流が大きくなり、最大で約15W/㎡に達しています。舗装地よりも裸地、さらには樹木、低木で覆された屋上のほうが屋内への熱の流入を防ぐ効果が大きいことが示されています。

参考文献　Chen Yu, Study of rooftop garden in Singapore, CONGRESS PROCEEDINGS of IFPRA Asia-Pacific Congress 2002 Singapore

Q.07 輻射熱とは何か。また屋上緑化することにより、輻射熱が軽減できるとはどういうことか。

A. 太陽熱を受けて熱くなった壁や床などから放射される熱のことをいい、屋上緑化にはその熱を抑える働きがある。

輻射熱とは

　熱の伝わり方には、大きく分けて3つの形があります。①気体や液体の循環によって熱が移動する「対流」、②物質の中を熱が移動する「伝導」、③熱線(遠赤外線)が空間を透過し物体に当たって熱となる「輻射」です。最近の暖房機器(床暖房など)の説明にもよく出てくる「輻射熱」とはこの③のことです。

　冬に、外気温が同じ屋外でも、太陽の光を浴びた日溜りと日陰では、身体に感じる暖かさはまったく違います。私たちが外で暖かさを感じるのは周囲の温度からだけではなく、太陽光線の遠赤外線からの輻射熱による効果が大きいことがわかります。

　遠赤外線とは赤外線の中でも波長の長い5μm(ミクロン)程度以上の波長領域*1で、波長が長いので深達力があり、人体の皮膚深くに浸透し、体を芯から暖めてくれます。ですから、輻射熱は空気を直接暖めることなく人体、壁、床、家具などに当たってそれを暖め、また二次輻射もともなうので、部屋の隅々まで暖かくなるのです。

輻射熱の感じ方

　人間が、暑さ寒さを感じる感覚は温度の影響と考えられていますが、実際には単に温度だけでなく、湿度、気流、輻射などの影響を総合したもので決まってきます。夏の暑さに対しては、体温と同程度の35℃前後になると、猛烈な暑さを感じます。これは、外気温が体温以下の場合には体から輻射熱が出て放熱しているためですが、体温以上になると体からの放射熱がなくなり、逆に外部から体に向かっての輻射熱が急に増えるためです。気温35℃以前でも、湿度が高い場合は気化熱の邪魔をして暑く感じます。当然、35℃以上で湿度が加われば、さらに暑さを感じることになります。

　人の感覚には大きな違いがありますので、一概にはいえませんが、相当な暑さでも湿度が低いとそれほど暑く感じません。特に直射日光さえ遮れば、冷房などに頼らなくても外の風で十分に過ごせることがあります。温度が30℃あっても湿度が低く、適度な風がある状態ならば、それほど暑くなく過ごせるのです。

温度が多少高くても外気が快適だと感じるのは、室内での上下の温度差がほとんどないことも影響します。冷房を不快に感じる人の多くは、直接冷気が身体に当たる場合と、室内での上下の温度差が3〜4℃以上もあるときです。要するに、体に温度差ができることが不快に感じる大きな要素です。

また春秋の気候の良いとき、窓を開けて過ごすことが快適に感じるのは、温度が快適なこともありますが、地面やアスファルトの温度と外気が同じ程度であり、人の周りの環境に温度差があまりないこともその要因となっているのです。

輻射熱と建物の快適性

以上のことを考えあわせてみると、快適性のためには、室内でも、身体でも、なるべく温度差が生じないようにし、同様に建物の空調方式もなるべく温度差が生じないようにすると、あまり不快にはなりません。

したがって、建物が身体に与える快適性とは、いかに室内の温度差と身体的な温度差を小さくするかを考えて設計されているかにかかっています。そのために、室内を高断熱、高気密にするとともに、屋根面の温度を下げて、屋根面からの伝わる輻射熱をできるだけ小さくすることです。特に、屋上がコンクリートの場合は、昼間の日射によりコンクリートに蓄熱され、その熱が室内に伝わることで快適性が損なわれてしまっています。

屋上緑化と輻射熱との関係

そこで屋上緑化と建物の関係を考えたとき、屋上緑化は、建物の断熱性能を保つことから、コンクリートの屋根や屋上床から輻射熱が伝わるのを抑えることがわかります。そのため、室内の温度上昇を防ぐことができ、少ないエネルギーで家全体の室温を一定に保てるのです。

ただし、【Q.04】にも述べたように、断熱材の効果も大きく、断熱材をうまく使いながら輻射熱低減になるように屋上緑化の仕様を設計することが必要です。

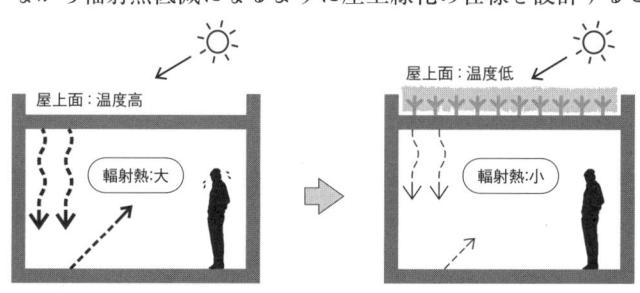

図1　屋上緑化により室内の輻射熱が抑えられる（模式図）

*1 遠赤外線の波長については、学・協会により3、4もしくは5μmのいずれかが下限値として決められている

Q.08 屋上緑化の雨水貯留効果、遅延効果はどの程度あるのか。

A. 土壌体積比で20〜40％程度の雨水貯留効果があり、遅延効果は土壌厚に比例する。

雨水貯留・雨水排出の遅延のメカニズム

　東京都心などの大都市部では、ヒートアイランド現象の影響などによって、短時間の集中豪雨に見舞われる頻度が高くなってきているといわれています。これによって、地下街に水が浸入したりする、いわゆる「都市型洪水」による被害が多く起きるようになってしまいました。これには、下水道の排水能力の向上、遊水施設の設置などによって対処することになるのですが、こういった施設の拡充、新設には多額の費用がかかる上に、整備されるまでに非常に長い時間を要するという問題があります。

　そこで、こういった対症療法的措置だけでなく、都市全体での雨水排水量の低減という視点での対策も求められるようになります。例えば、屋根に降った雨を集めて地下の貯水タンクに溜めるような雨水貯留システムは、同時に雨水排水量の抑制システムにもなっているため、排出抑制に効果があります。

　これとまったく同じような効果が、屋上緑化にも期待できます。屋上緑化には、雨水貯留の効果と、雨水排出の遅延効果という2つの効果があります。このうち、雨水貯留効果については、【図1】に示す土壌のpF水分特性で説明することができます。屋上緑化に用いられているような、あまり締め固めていない土壌は、体積比で最大700％近くの水を保持することができます。しかし、土壌を構成する物質と強固に結びついている水は、通常は移動しません。自然の状態で移動する水（有効水分量）は体積比で20〜40％程度までです。これが屋上緑化に期待できる最大の雨水貯留量ということになります。

屋上緑化の雨水貯留・遅延効果の量

　例えば、有効水分量400ℓ/㎡の人工土壌を厚さ30cm（=0.3m）に盛ったとすれば、その最大貯水量は400×0.3＝120ℓ/㎡となるわけです。このような屋上緑化面が1ha（=10,000㎡）あれば、120×10,000＝1,200,000㎡＝1,200t分の貯水効果がある

ということになります。

しかし、このような効果を過信してはいけません。これは、カラカラの土が最大限度まで水を含んだ状態に変わることを想定しています。もしも前日まで雨が続いていて、土壌中の水分量が飽和しているとすると、その状態から期待できる新たな貯留量はゼロということになるからです。

もう1つの効果である、屋上緑化による雨水排水遅延は、植物体や土壌の層を水が浸透するのに要する時間によって決まります。したがって、植物が良く茂り、土壌厚の大きな屋上緑化ほど効果が高いということになります。

しかし、実際の屋上緑化を対象に測定を行った事例というのは知られていません。【図2】は厚さ6cmに土を盛った実験装置を用いて測定した例です。全体の降雨量の1/2が排出されるまでに要する時間を、緑化していない場所と比較すると、土壌のみでは約3分、土壌+芝では約6分間の遅延効果となります。遅延効果は土壌厚に比例すると考えられますから、通常の屋上庭園などであれば、この数倍程度の遅延効果が期待できるでしょう。

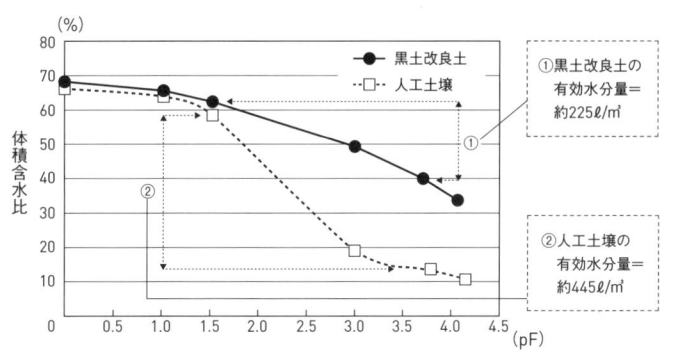

図1 土壌のpF水分特性

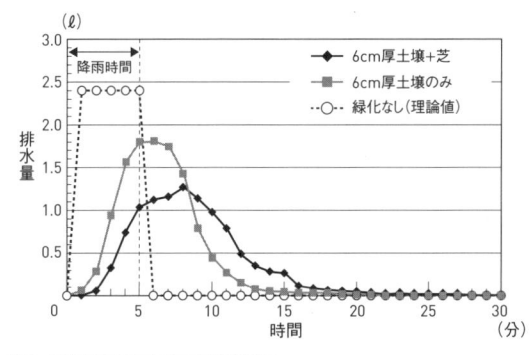

図2 屋上緑化による雨水排出遅延効果

参考文献 山田宏之『屋上緑化のすべてがわかる本』(インタラクション・環境緑化新聞社、2001)

Q.09 樹木の大気浄化効果はどの程度あるのか。

A. 光合成による二酸化炭素(CO_2)固定や浮遊物質吸着の効果があり、研究成果が発表されている。

　樹木による大気浄化効果は、ガス交換によるものとフィルター機能によるものとに大別されます。ガス交換による効果では、まず植物が行う光合成によって二酸化炭素(CO_2)を吸収し、酸素(O_2)を供給します。最近では増え続けるCO_2が大きな問題となり、この作用が温暖化防止効果として大きな脚光を浴びています。そしてその他のガス状汚染物質(SO_2やNO_x)の吸収効果があります。またフィルター効果では、空気中を浮遊している重金属類や粉塵を吸着します。

温暖化防止効果

　植物は、その生理的な営みである光合成の働きにより、地球温暖化の原因となっているCO_2を吸収します。光合成は、葉から吸収するCO_2と、根から吸収する水分、それに太陽から受けるエネルギーによって、炭水化物と酸素をつくり出す働きです。吸収されたCO_2は多糖類に形を変え、植物体を形成します。これが、CO_2を吸収・固定する仕組みです。地球温暖化防止京都会議(1997年)以降、この分野の研究が進み、具体的な効果の程度について、様々な視点から検討されています。第一は、森林全体で大気中のCO_2をどれくらい吸収するかという研究で、主に林野庁系の研究成果として発表されています。大気と落葉広葉樹林の間でどのくらいCO_2が交換されているかを直接測定した結果から、平均的な年間のCO_2取込み量は390g/㎡程度で、気温や日射量により大きく変動するとされています[*1]。これに対して、個々の樹木がどれくらいCO_2を吸収するかについては、主に環境省系の分野で研究され、高さ6〜7mの落葉広葉樹では、年間に530kg/本のCO_2を吸収すると試算しています[*2]。

樹木によるCO_2の固定

　国土交通省系では、樹木の年間成長量に応じたCO_2が固定されるとして算出するもので、現在最も標準的に使われている手法です。その内容は、【図1】のように示され、樹木が大きくなるにつれ、年間に固定するCO_2の量が増えます。高さ6〜7mの樹木では、年間におよそ15kg/本程度のCO_2を固定すると試算しています[*3]。例えば、高さ10mの樹木1本が1年間に固定するCO_2の量は、1台の小型車が東名高速道

路を東京から浜名湖付近まで走ったときに出るCO_2量と同じになります*4。このように、緑化によるCO_2の吸収量や固定量は、確実に期待できるものであり、身近な緑化を進めることは、温暖化対策の重要な一翼を担っているのです。

その他のガス交換

CO_2以外のガス状汚染物質（SO_2やNO_x）についても、植物が行う光合成の働きにより、植物体内に吸収・固定されます。

ただし、これらの物質は、CO_2のように植物生育に必要な物質ではなく、吸収量が多くなれば、植物の枯損へとつながってしまいます。具体的には、胸高直径30cmのクスノキ1本が1年間に吸収する汚染ガスは、SO_2で240g、窒素酸化物（NO_x）で320gとされています*2。平均的な乗用車が排出するNO_xは、0.25g/kmといわれていますので、沿道の植樹が果たす役割も、決して小さくはありません。

樹木によるフィルター効果

樹木の枝や葉が発揮するフィルター効果によって、大気中に浮遊している重金属類や粉塵が捕足・吸着されます。この分野でも数多くの実測値や推定値が示されていますが、代表として粉塵の吸着量について見ると、年間に樹木の葉面積1㎡当り1.63gという実測値があります*5。ただし、こうした浮遊粉塵などについては、全体の発生量との関係がはっきりせず、その効果の程度が明確に検証されていません。

二酸化炭素固定量（$kgCO_2$/年）

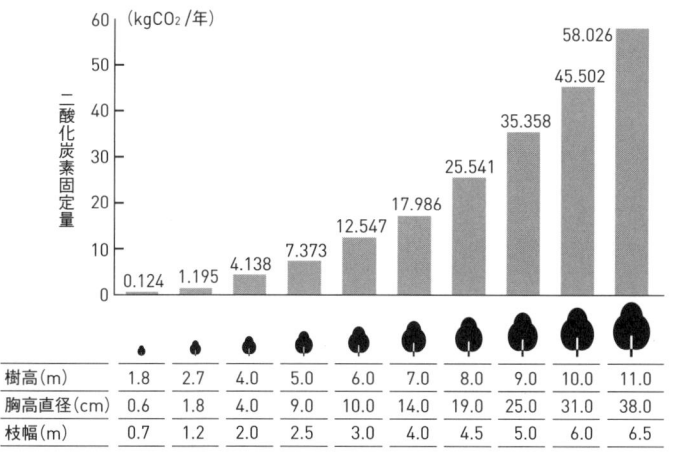

	0.124	1.195	4.138	7.373	12.547	17.986	25.541	35.358	45.502	58.026

樹高(m)	1.8	2.7	4.0	5.0	6.0	7.0	8.0	9.0	10.0	11.0
胸高直径(cm)	0.6	1.8	4.0	9.0	10.0	14.0	19.0	25.0	31.0	38.0
枝幅(m)	0.7	1.2	2.0	2.5	3.0	4.0	4.5	5.0	6.0	6.5

図1 樹木の生長とCO_2固定量の試算*6

参考文献・注 *1 山本晋他「森林生態系の二酸化炭素吸収・交換量についての一考察」『資源と環境』Vol.7、No.2（(独)産業環境技術総合技術研究所、1988）／*2 公害健康被害補償予防協会『大気浄化植樹マニュアル』（1993）／*3 旧建設省土木研究所「道路緑化樹木の二酸化炭素固定に関する研究」、(1992)および日本道路公団「樹林化による二酸化炭素の固定手法検討」(1998)／*4 樹木(高さ10m)の年間固定量45.5kgを小型車の排出量0.178kg/kmで除すと約256kmになる／*5 旧建設省土木研究所「緑化による機能効果の評価に関する研究」(1986)／*6 (社)道路緑化保全協会「緑の情報シート」(2002)

Q.10 屋上緑化で、二酸化炭素（CO_2）の吸収固定は期待できるのか。

A. 樹木の成長と、土壌の有機炭素蓄積によって効果は期待できる。

　屋上緑化では、建物への省エネ効果で二酸化炭素（CO_2）の排出量を抑制する効果のほかに、植物の光合成によって大気中のCO_2を直接吸収し、固定する効果もあります。また吸収固定によってできた葉や枝、根系の一部が土壌に還元されて固定していきます。その効果は屋上緑化でも十分期待できます。

屋上緑化によるCO_2の間接的削減と直接的削減
　屋上緑化は、建物への熱流入を抑えて省エネ効果があることは知られています【→Q.05】。この省エネ効果によって、化石燃料を低減して間接的にCO_2発生量を削減しています。これとは別に、屋上緑化の樹木や土壌がCO_2を吸収し、直接的削減も行っています。

樹木と土壌によるCO_2吸収固定事例
　屋上緑化では、建物の積載荷重制限があるため、樹木を必要以上に成長させることはできません。よって地上に植えられた樹木と違って、成長量は少ないと考えられます。しかし、土壌厚や面積が大きい屋上緑化では、地上に近いCO_2固定量も期待できます。また落葉落枝や根系によって、土壌中の有機炭素量も徐々に増加していきます。屋上緑化は軽量人工土壌による造成が多いので、完成時と経年時との比較によって、有機炭素量の増加でCO_2が固定されていることが判断しやすいです。土壌厚や、土壌の種類および植物形態によって固定量は変わることが予想されますが、詳しい調査はこれからの課題です。

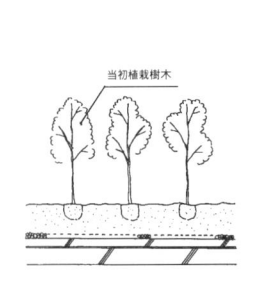

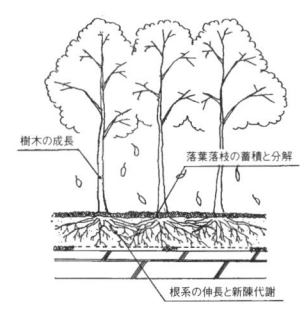

図1　樹木と土壌によるCO_2吸収固定事例

【**写真1〜4**】は大規模屋上

緑化、アクロス福岡(福岡県福岡市天神)と、けやき広場(埼玉県さいたま市中央区)の完成時と経年後の景観比較です。樹木の成長分CO_2が吸収固定されています。

【写真5、6】は、有機物を含まない無機系軽量人工土壌の施工時と経年時との比較です。経年によって有機炭素が蓄積され、褐色化しています。

アクロス福岡では、15年間で樹木が約21t、土壌が約36tのCO_2固定量が計測されました。けやき広場は、樹木で約92t、土壌が約14tのCO_2固定量でした。アクロス福岡では苗木や低木を多く植栽しており、定期的に間伐を行っていました。間伐材は土壌に還元されるため、土壌の固定量が多い数値になったと思われます。けやき広場は、施工時より高さ8mの高木樹が多く植栽され土壌厚も十分確保されているため、順調な成長が樹木固定量の高い数値につながったと思われます。逆に土壌は落葉落枝が土壌に還元されにくい構造のため、低い数値に留まっていると判断されます。

写真1　アクロス福岡、竣工時

写真2　同、15年後

写真3　けやき広場、竣工時

写真4　同、9年後

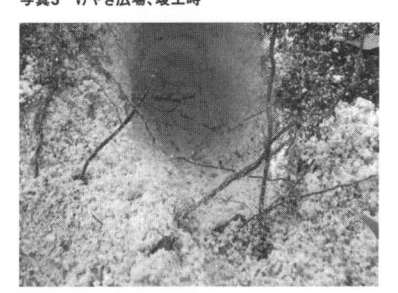

写真5　竣工時の人工土壌

写真6　同、経年後

Q.11 樹木の騒音低減効果はどの程度あるのか。

A. 人がうるさいと感じる高周波域で顕著であり、心理的効果やマスキング効果などと総合的に発揮されている。

物理的な騒音低減効果

　樹木による騒音低減効果は、樹木の各部が音を反射するとともに、その一部を吸収することによって起きると説明されています。空気中を直進する音波が樹木の幹や枝葉に当たると、そこで反射や散乱が生じます。また、多孔質材とみなされる植物体にぶつかることで、摩擦抵抗や粘着抵抗によって音のエネルギーが減衰されます。さらには、葉面上の微細な繊毛状の毛や鋸葉(葉の縁のギザギザなど)などが振動することにより、熱エネルギーに変換され、吸収・減衰されます。こうした一連の作用が、樹木による物理的な騒音低減効果です【図1】。

心理的な騒音低減効果

　一方、音の発生源を樹木などの緑で遮蔽することにより、騒音として知覚する量が低減されることも多くの実験で確認されており、これを心理的な減音効果と呼んでいます。また、緑それ自体が音の発生源(風にそよぐ葉擦れの音、梢でさえずる小鳥の鳴き声や、虫の音など)となり、好ましくない音を覆い隠す効果(マスキング効果)も無視できないといわれています。このように、樹木による騒音低減効果は、単に物理的な障害物となるだけでなく、心理的効果やマスキング効果などが複合的・総合的に機能していると考えられます。

樹木による騒音低減効果に関する研究

　樹木の騒音低減効果に関する研究は、1950年頃からはじめられ、音響工学・林学・造園学・土木工学などの分野で研究が進められています。いずれの分野でも実験値や実測値によるものが中心ですが、その値はかなり大きな幅をもっています。これは、物理的現象としての音が自然の事象に影響されやすいこと、樹木の条件としてもその形態・質・量など複雑で再現性に乏しいことなどが原因と考えられます。また、一般に音響学の分野は悲観的であり、遮音壁などの工作物との純粋な比較によるものが中心であるため、その差が歴然であることは否めません。

一方、林学・造園学分野は楽観的といわれており、後者では大規模な樹林による騒音低減効果を主体としたものが多く、単に樹林による効果だけでなく、距離による減衰や地表面の性状なども大きく関わっている点に注意が必要です。

実際の騒音低減効果

土木工学の分野では、樹林を対象とした防音効果の予測式も提案されています[*1]。この式を用いて、幅20mの樹林帯による騒音の低減量を求めると、4.6±0.7dBとなり、他の事例などとも良く整合します。この研究によれば、樹林による騒音低減効果は、吸音より反射のほうが効果的で、効果を高めるためには、大型の葉が垂直に密に展開する樹木（アオキなど）が適しているとしています。また、先の予測式についても、幅20mの樹林帯では、樹木による減衰（4～5dB）に、距離による減衰（3～4dB）を加えたものが、人間にとって有効な減衰量（7～9dB）であるとしています。1列の生垣では、2～3dBの減衰が可能と考えられています。樹林の騒音防止効果は、人がうるさいと感じる高周波域で顕著であり、心理的効果やマスキング効果などと総合的に発揮されていることに大きな特徴があります。

樹木によるこうした騒音低減効果をうまく活用することによって、屋上のペントハウスや緑化空間を、他の場所と違った特別な意義のある空間へと転換することが可能となります。

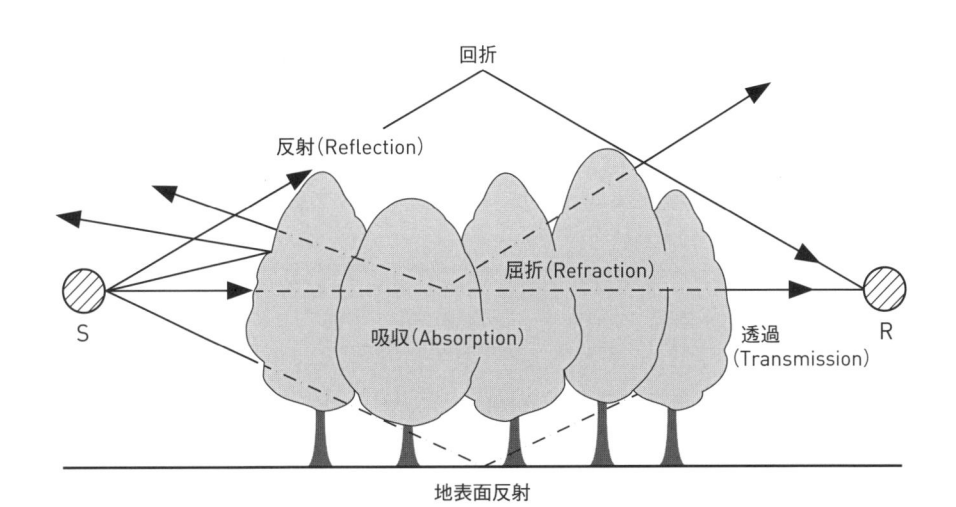

図1　樹木の防音効果[*2]

参考文献　[*1] 三沢彰「沿道空間における環境緑地帯の構造に関する基礎的研究」（日本造園学会、1982）／[*2] 三沢彰『道路の緑の機能』（ソフトサイエンス社、1982）

Q.12 屋上緑化には階下への騒音低減効果を期待できるか。

A. 人の歩行などにともなう床衝撃の発生音を低減できると考えられる。

人の歩行などによる屋上における床衝撃音

　屋上緑化構造は、音響的な観点から見ると一種の緩衝材としての働きが期待でき、床衝撃音の緩和に効果があると考えられます。その効果は、屋上緑化に用いる土壌の種類、厚さ、表層材などの影響を受けるものと考えられます。そこでこれらを実験要因として、重量・軽量床衝撃音の低減効果に与える影響を検証してみました*1。

床衝撃音の計測実験

　実験用の屋上緑化域は、【図1】に示す試験室天井コンクリートスラブ(厚さ200mm)上に、長さ3,600×幅2,700mm木製枠(木製枠)内に設置しました。屋上緑化域の構成は、下から順に防水層(厚さ1.5mm)、貯水排水層(同20mm)、透水シート、土壌および表層材です。土壌は、人工軽量土壌と自然土壌の2種類とし、厚さを人工軽量土壌では50mm、100mm、200mmと変化させ、自然土壌では100mmとしました。表層材は、コンクリート板、レンガ、マルチング材の3種類とし、【写真1】に示すように、試験体の対角線上の両端部と中央部の3ヵ所に設置しました。軽量床衝撃音レベルは、JIS A 1418-1に準拠した通称タッピングマシンにより加振し、環境騒音の基準を定める場合に採用されている等価騒音レベル(本実験では30秒間のLeq)を測定しました。また重量床衝撃音レベルは、JIS A 1418-2に準拠した衝撃力特性(2)の通称ゴムボールを使用して帯域最大値を測定しました。床衝撃音低減量は、裸スラブの床衝撃音レベルとの差から求めました。なお室内の受音点は、高さを変えた5点としました【図1】。

写真1　試験体端部に設置されたコンクリート板上での軽量床衝撃音の加振状況

屋上緑化が床衝撃音に及ぼす影響

　軽量床衝撃音レベル低減量の実験結果を【図2】に示します。これらの結果より、

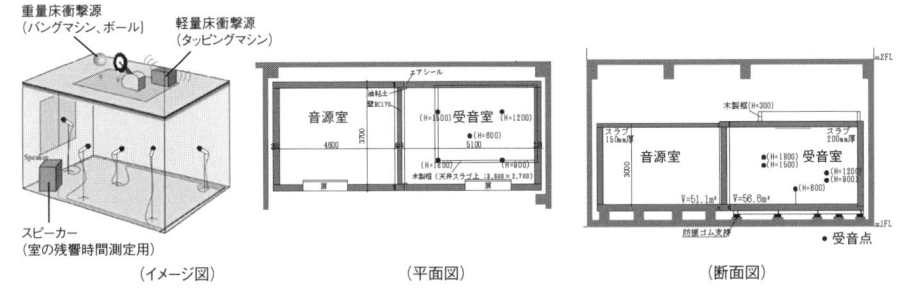

図1 試験室のイメージ図および平断面図

軽量床衝撃音は土壌の種類や厚さ、表層材によらずすべての周波数帯域(63Hz〜4kHz)で改善されることが示されました。土壌厚さの効果に関しては、50mm厚の土壌で低減効果が頭打ちになっており、軽量床衝撃音に対してはこの程度の土壌厚さでも比較的大きな低減効果が得られることが示されました。表層材による効果は、全般的な傾向として、マルチング材が最も大きく、ついでレンガ、コンクリート板の順となり、これは材料の軟らかさに応じた結果になりました。なお重量床衝撃音レベル低減量に関しては、概ね負の値が得られ、重量床衝撃音は低周波数帯域でむしろいくぶん悪化することが示されました。一般に、屋上では人の歩行にともなう軽量床衝撃の発生が問題となることが多いとされます。したがって実際に発生する床衝撃音を低減するという観点からみると、屋上緑化構造は床衝撃音の低減に有効な方法であるといえるでしょう。

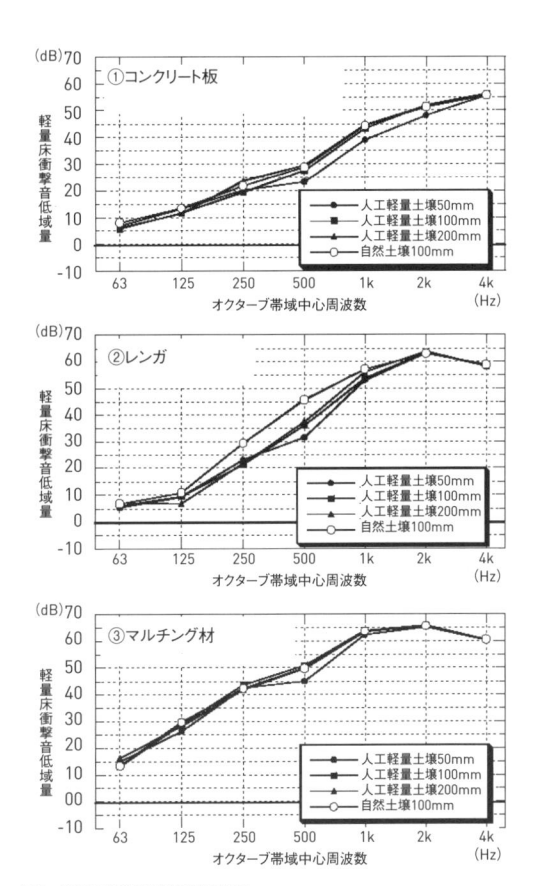

図2 軽量床衝撃音低減実験結果

参考文献　＊1 宮島徹・橘大介他「屋上緑化構造による床衝撃音低減効果の検討」『日本建築学会大会学術講演梗概集(北海道) D-1』pp.233-234(日本建築学会、2004)

Q.13 屋上緑化で建築物が保護される というのはどういうことか。

A. 直接外力を受けず、日射・外気が当たらないことで、その下の防水層や屋上スラブが保護される。

保護効果をもたらす仕組み

　一般的な屋上の仕様は、屋上スラブ（最上階の屋根コンクリートなど）の上に防水層があり、その保護のために押えコンクリート層などの保護層が上に施されていました。そのため、防水層に日射による熱、紫外線、酸性雨、飛来物などが当たらないことにより、防水層が劣化していくのを抑えることができたと考えられます。

　屋上緑化する場合は、もちろん押えコンクリート（屋根や床面の保護のために打つコンクリート）などの保護層を施工した上で緑化をしてもよいのですが、屋上の荷重制限を考えると難しいため、最近では押えコンクリートの代わりに、植栽基盤（衝撃防水層、耐根層、保水・排水層・フィルター層、土壌層など）にこの保護機能をもたせるシステムが開発され、施工されています。

　このように、屋上緑化による建築物の保護効果は、直接的には防水層の保護と考えることができ、間接的にはその下の屋上スラブも保護していることとなります。

保護効果の実際

　実際に、（財）都市緑化技術開発機構（当時）が1994年に実施した屋上緑化部分の発掘調査の例では、約18年経った東京都内の団地屋上押えコンクリート部分に緑化した場合と、緑化していない場合とでは、かなり様子が異なることがわかりました。

　【写真1】が非緑化面、【写真2】が緑化基盤下のコンクリート表面です。

　【写真1】では、亀甲状のひび割れがコンクリート表面に生じており、【写真2】はひび割れもなく健全なものとなっています。コンクリートが空中の二酸化炭素（CO_2）と反応して本来のアルカリ性を失うことを試験する中性化試験（コンクリートが中性化するとアルカリ性を失い、コンクリートの中の鉄筋が錆びることになり問題が起きます）についても、非緑化面は中性化が進行していましたが、緑化基盤下のコンクリートの表面はほとんど中性化が進行していませんでした。

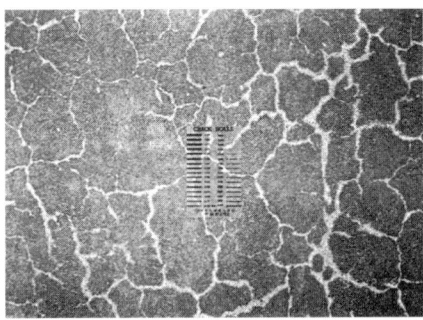

写真1　押えコンクリートの露出表面。亀甲状のひび割れが多く見られる

写真2　緑化部分の押えコンクリート面。ひび割れなどが見られず健全

実際の設計上の留意点

しかし、実際の設計をするにあたっては、屋上緑化を施した建物については以下の注意が必要となります。

①耐根層が必要

植物の根が防水層にまで達することがあります。植物の根は、長い年月をかけて防水層に侵入していきます。そのため、耐根層を屋上緑化層の下に施工することが必要となります。

②水を溜めない

屋上緑化により水が溜まってしまう場合も要注意です。水が溜まる原因として、排水溝の詰まりがありますが、屋上緑化の植物が枯れて排水溝に詰まった例もあります。水が溜まったままになっていると、防水層の劣化が早まることとなります。

③薬品・バクテリアへの考慮

屋上緑化の植栽地には肥料や消毒剤、除草剤が撒かれることがあり、薬品についても防水層に与える影響に対して考慮が必要です。さらに、土壌内のバクテリアに対して、耐バクテリア性のある防水層が必要となります。

一度屋上緑化を施工してしまうと、防水の改修は容易でなくなるため、特に既設の屋上を緑化する場合には、設計者によく相談することが必要です。

参考文献　(財)都市緑化技術開発機構・特殊緑化共同研究会編『新・緑空間デザイン技術マニュアル(特殊空間緑化シリーズ2)』(誠文堂新光社、1996)

Q.14 長期間屋上緑化を行った場合、植物、植栽基盤、建物躯体などの経時変化がわかるデータはあるか。

A. 80年が経過した屋上庭園事例(愛知県西尾市・旧井桁屋百貨店)のデータを参照できる。

近代建築における先駆的屋上庭園

旧井桁屋百貨店は、地下1階地上3階建てのRC造商業用施設として、愛知県西尾市に1924(大正13)年に竣工した近代建築です【写真1】。屋上緑化は、ル・コルビュジエが提唱した近代建築5原則に則って採用されたものと考えられ、日本最古級のものでした。崩壊しかけた歴史的な建物は保存対象建物とはならず、2006年3月に解体作業が完了しましたが、この歴史的価値の高い屋上庭園を解体前に調査しました*1、2。

写真1　旧井桁屋百貨店(解体前)

植栽されていた木本類の樹齢と植栽基盤(土壌)

調査対象樹木は、センダンおよびムクノキでした。樹齢は、年輪数から、30数年から50年程度でした【写真2】。すなわち、屋上庭園設置当初からの植物の生存は確認できませんでした。植物は、実生などによって順次更新されてきたものと考えられます。土層構造は、屋上スラブ上に直接土壌を敷設したものであり、排水層はなく、土壌厚は厚い部位で約45cmでした。土

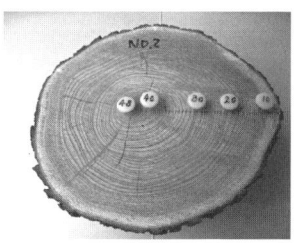

写真2　センダン(樹齢48年)

壌の分析結果は【表1】に示すとおりであり、土壌の種類としては砂質埴壌土に分類されましたが、過湿状態によるグライ化などの兆候は認められませんでした。表層部は長年放置状態であったためA_0層も薄く認められ、土壌は膨軟で養分性もありました。土壌硬度は、中間層はやや固め、下層は標準的な硬さを示し、自然状態の締固め状態と考えられました。植物の根系は、土壌上層、中間層、下層に分布し、モルタル上、アスファルト防水層上などに集中して伸びていました。

屋上躯体および仕上げ材の劣化状況

屋上スラブの構成は、屋上表面から、仕上げモルタル、押えコンクリート、アスファルト防水層、均しモルタル、躯体コンクリート、漆喰の順になっていました。植栽域直下のモルタル・コンクリートは、pHが12〜13と高いアルカリ性が保たれていました。防水層に関しては、植栽域および非植栽域のいずれの部位においても、防水層への植物根系の侵入が認められました【写真3】。当時は耐根層がないことから、押えコンクリートの目地部や脆弱部から根系の侵入があったと考えられます。アスファルト防水層は、植栽域および非植栽域のいずれの部位においても、切り取ったアスファルト防水層供試体の厚さはかなり薄く、炭化し、脆弱化していました。防水層は、ルーフィング基材層3層で構成され、材質はラグ原紙でした。基材の引張強さはほとんどなく、概ね0〜2N/cmの範囲でした。貼付けコンパウンドは4層で、材質は溶融時の臭いからタールであると考えられました。コンパウンドの軟化点は概ね110〜150℃、針入度は0〜4（25℃、1/10mm）であることから、かなり硬化しているといえました。

以上のことから、80年経過した旧井桁屋百貨店屋上庭園の仕上げモルタル、押えコンクリート、アスファルト防水層は顕著に劣化しており、防水層への植物根系の侵入が検証されました。このような長期間、健全な屋上庭園を維持するためには、より高品質な耐根性のある防水システムまたは耐根シートなどが必要といえます。

表1　土壌分析結果

計量項目	単位	試料名・測定値 上層	下層
pH(H_2O)	-	5.6	5.9
全窒素 N	g/kg	2.2	0.4
交換性カリウム K_2O	mg/kg (cmolc/kg)	213 (0.5)	150 (0.3)
可給態リン酸 P_2O_5	mg/kg	65	127
飽和透水係数	m/s	5.3×10^{-6}	1.1×10^{-5}
有効水分 pF1.8	%	34.6	23.8
pF3.0	%	25.5	20.8
pF1.8〜3.0	ℓ/m²	91	30
嵩密度（仮比重）	t/m³	1.22	1.53
礫含量	%	4.5	9.3
粒径組成 粗砂2.0〜0.2mm	%	47.7	50.8
細砂0.2〜0.02mm	%	23.8	13.5
シルト0.02〜0.002mm	%	13.3	15.2
粘土0.002mm以下	%	15.2	20.5
土性（国際法）	-	SCL	SCL
土色	-	にぶい黄褐色	にぶい黄褐色

写真3　防水層への根系の侵入（ピラカンサ）

参考文献　*1、2 今井一隆・橘大介他「歴史的建造物 旧井桁屋百貨店解体工事に伴う屋上庭園調査結果とその考察 その1、その2」日本建築学会大会学術講演梗概集（関東）A-1」pp.819-872（日本建築学会、2006）

Q.15 屋上緑化は生物の生息空間として効果はあるのか。また、生物を誘致できる高さはどのくらいか。

A. 都心域でもチョウやトンボ、小鳥たちが飛びかう豊かな街並みが期待でき、中高層でも誘致可能。

屋上空間は都市におけるサンクチュアリ

過密化の進展とコンクリートで覆われ砂漠化した都心域では、生物層が貧化し、唯一ともいえる自然的空間である公園緑地においても、チョウやトンボなどがほとんど見られなくなりました。

このような状況の中で、屋上空間は往来の激しい地上とは隔離され、いわば「サンクチュアリ」のような状態にあり、生き物の生息地として有効であれば、地上に対する生き物の供給源として機能し、都心域でもチョウやトンボ、小鳥たちが飛びかう豊かな街並みも期待できます。

屋上緑化が、生き物の生息地として有効であるか、また、どのくらいの階数の高さまで誘致が可能であるかについては、現時点では明快な回答はできませんが、過去に実施された屋上緑化空間を対象とした生物相調査結果によると、中高層までの屋上緑化空間は、飛翔性の昆虫類や鳥類の生息環境として十分潜在力があり、ビオトープネットワークの中継点としても期待できます。以下に屋上緑化空間を対象とした生物相調査の例を紹介します。

調査例1「特殊緑化空間における生物相調査」

1993年度に実施した「特殊緑化空間における生物相調査」[1]では、東京都23区内の屋上緑化施工ビル（2階から10階までの10棟）の昆虫調査と、緑化が施されていない中層ビル（5階から7階までの3棟）および超高層ビルの東京池袋・サンシャイン60での植栽コンテナを用いた昆虫類の誘致試験を行っています。緑化の規模や水面の有無によって確認種は異なりますが、同ビルではチョウ類やトンボ類をはじめ数多くの種が確認され、昆虫類の飛翔上は大きな障害はないものと判断されるだけでなく、成虫のほか多数の幼虫も確認されていることから、卵から成虫に至るまでの生息地として機能しているとの評価がなされています。また、植栽コンテナを用いた誘

致試験でも中層ビルでは、数種の昆虫の飛来や幼虫の食痕が確認されています。一方、超高層の植栽コンテナを用いた誘致試験では飛来の確認はされておりません。

調査例2「既存建築物屋上緑化技術開発調査」

2001年度に中央合同庁舎3号館屋上庭園（11階屋上）で実施した「既存建築物屋上緑化技術開発調査」*2では、鳥類および昆虫類の調査を行っています。なお、調査は毎月1回、1年間を通じて行われましたが、屋上庭園竣工後1年を満たない時期からの調査であるため、昆虫類では植栽植物に混じって移入された種もあると予想され、すべてが誘致されたと特定することが困難であること、また、鳥類では、植栽の生育が十分でなく、鳥に庭園の存在が十分認知されていないと判断される状況下での結果であり、現時点では正しい評価を下せませんが、飛翔性の昆虫類や鳥類の生息環境としての潜在力があると判断される結果となっています。

昆虫類では、8目45科88種が確認され、中でもカメムシ目、ハエ目、バッタ目、コウチュウ目が多く確認されています。また、チョウ目、ハチ目、ハエ目、トンボ目などの飛翔能力が高い昆虫も多く確認され、アキアカネやシオカラトンボ、アゲハチョウ、モンシロチョウなどが目撃されています。また、庭園につくられた水の流れにはアキアカネ、ナツアカネ、アジアイトトンボなどの幼虫も確認されています。

表1 昆虫類確認種数

目名	科数	種数
トンボ目	2	5
カマキリ目	1	2
バッタ目	5	14
カメムシ目	11	19
コウチュウ目	6	14
ハチ目	7	11
ハエ目	7	15
チョウ目	6	8
合計　　8目	45科	88種

鳥類では、ハクセキレイ、ジョウビタキ、ハシブトガラス、ドバト、ツバメの2目5科5種が、採餌や水飲みなど屋上庭園を利用していることが確認されています。また、この他に上空を通過したり屋上隣接部へ飛来したものが9種あり、調査時間外に屋上庭園を利用している可能性があります。現時点では種数も少なく、いずれも開けた環境を好み市街地にも適応できる種ですが、ハクセキレイなど毎回確認され、冬鳥であるジョウビタキも冬の期間は毎回確認されるなど、屋上庭園を生活環境として利用していると判断できます。

参考文献　*1（財）都市緑化技術開発機構「特殊空間緑化における生物相調査」（1994）／*2 国土交通省都市整備局公園緑地課「平成13年度既存建物屋上緑化技術開発調査」（2002）

Q.16 屋上緑化の心理的効果にはどのようなものがあるのか。

A. 植物が発生させるマイナスイオンなどにより生理的に良好な効果がある。

マイナスイオンを発生させる効果

植物は最も身近なマイナスイオンの発生源です。マイナスイオンの効能は近年注目を集めており、生活用品などに取り入れられています。マイナスイオンは人間の血流の活性化、新陳代謝の活発化に働くなど、生理的に良好な作用があるとされています。緑化された屋上空間は緑の少ない都市の中でマイナスイオンにあふれ人間の自然治癒能力回復に寄与する場となります*1。

園芸の治療効果

園芸活動による身体的能力の回復、精神的疾病の回復、社会適応能力の向上といった効果はアメリカでは早くから認められ、医療施設、福祉施設、高齢者施設などで広く取り入れられています。日本でも高齢者に対する園芸の心理的、生理的効果が認められはじめており、数々の実践が全国各地で進められています*1。

心理に働きかける効果

愛媛大学・仁科弘重教授は室内緑化に関して緑化の心理的効果の測定を行っています。被験者は植物なしの空間に比べ、植物を配置された空間を高く評価しています。例えば、植物を一列に配置するよりも点在させるほうが実際の空間の狭さに反して心理的には広いと感じたり、同一室内で、植物を配置した場合と配置しない場合で脳波を測定したところ、植物を配置したほうが

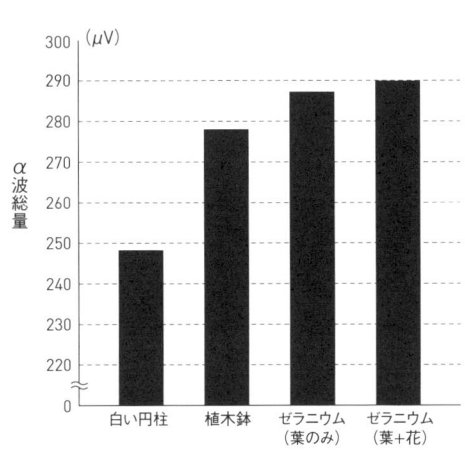

図1 植物を眺めることによるα波総量

被験者の脳波にα波が多くなるという結論を得ています。また生理的効果としてはディスプレイを眺めていた後、植物を眺めると目の疲れが回復する、という効果も観察されています*2。別の実験でも、千葉大学・中村隆治氏らは植物を眺めることによりα波総量が増えるという効果を実験により確かめています*3【図】。植物を眺めることはリラックス感の向上に結び付いているといえます。

ストレスからの回復に寄与する効果がある

米バージニア工科大学・レルフ教授は園芸の人文的側面をまとめた論文の中で植栽や園芸の心理的効果に言及しています。ウルリッチの心理的効果の研究によると、試験によるストレス状態にある学生に植物を眺めさせたところ陽気さが高まり、怒りと恐怖感が減少したという結果が得られています。また、ストレスを増幅させる映像を被験者に眺めさせた後自然的環境の中に置かれた被験者は、血圧、筋肉の緊張など生理学的な兆候によって、ストレスから著しく回復しています。さらに日常的なストレスから回復するためには、視界に植物を短時間でも多く露出させることが効果的であると述べています。

またハニーマンはこの実験をさらに進め、都市環境の中で植栽がある場合とない場合では、ある場合のほうがストレス回復に寄与する効果があることを観察しています。あるいは、カプランらの研究によると窓際にいて樹木や花卉を眺めることができる労働者はそれができない者より業務によるプレッシャーがより軽く、業務に対し高い満足度が示されたほか、慢性疾患や頭痛の割合が低いことが調査結果として得られています*4。

植物の心理効果を生かした屋上緑化を

これらの結果によると、身近な環境に緑があることは人間の生理的、心理的健やかさに大きく寄与し生活の質の向上に結び付きます。ここで挙げたような学術的な調査結果を踏まえ、その心理的効果を最大限に生かした屋上緑化の推進が望まれます。

参考文献 *1 浅野房世、三宅祥介『安らぎと緑の公園づくり』(鹿島出版会、1999)／*2 愛媛大学 仁科弘重研究室HP www.proj.ehime-u.ac.jp／*3 中村隆治、藤井英二郎「植物(ゼラニウム及びベゴニア)を見たときの脳波特性、特にα波の量と周波数について」『造園雑誌』53-5(日本造園学会、1990)より作成／*4 Diane Relf, "Human Issues in Horticulture" HortTechnology, April/June, 1992 2(2)

2章

屋上緑化の計画

Q.17 屋上緑化と地上への植栽との違いは何か。その留意点は。

A. 屋上はとりわけ夏季に厳しい環境にさらされるため、灌水などの設備が必要である。

日照、風など環境条件の相違

　地上部の大地と比較すると屋上の環境は、第一に日照が良好です。夏季、日射による蓄熱や輻射熱によって、コンクリート壁に囲まれた屋上緑化域では、スラブ表面温度が70℃以上に達する例もあり、植物は大きな熱的ストレスを被るため注意が必要です【写真1、図1】。また建物屋上の風は地上部より強く、周辺温度の高さと相まって蒸発・蒸散量が多くなりますし、倒木や枝折れなどの対策も必要になってきます。一方、降雨の状況に関しては、庇などがある屋上やベランダを除けば、地上部とほとんど変わりはありません。したがって屋上緑化は、地上部の大地と比較して、とりわけ夏季に、厳しい環境にさらされることを念頭におく必要があります。

植栽基盤・施設の相違

　露地植え(地上)の緑化では、自然の土壌を用い、土壌厚も厚くなります。一方屋上緑化では、積載荷重の制約から、密度の小さい人工軽量土壌(例えば真珠岩パーライトなど)や改良土壌を用い、土壌厚も薄く設定されます。また植物の根によって建物自体や

写真1　パラペットに囲まれた屋外緑化域　　　図1　写真1の屋外緑化域における温度計測結果

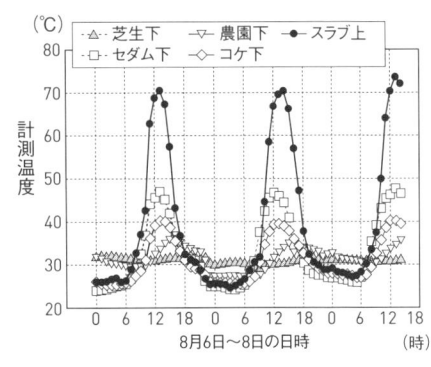

建物設備が損傷しないような配慮も必要になってきます。よって、屋上緑化の植栽基盤は、①建物躯体および防水層を保護する耐根層、②水はけを良くし根腐れを防止する排水層、③排水層と土壌を分離し排水性を維持するための透水シート、④土壌、⑤土壌の飛散や水分蒸発を抑制するマルチング材、⑥灌水設備などで構成する必要があります。セダムなどを植える場合や土壌厚が厚い場合などでは無灌水方式が採用される場合もありますが、夏季の厳しい環境を踏まえると、灌水設備を設置するのが安全でしょう。

灌水方式には、点滴灌水方式、底面灌水方式などがあります【写真2】。広い植栽域を効率よく灌水する場合などでは、植物への灌水のタイミングは、pF測定装置（以下pF計という）の読み値によって判断します。pF計の読み値は、水分子が土粒子に引きつけられる力（水分張力）を示すものであり、この数値により土壌の含水状態が判断できるのです。pF計には測定方法や測定レンジの相違などによって様々な種類のものがありますが、価格が安く、取扱いが容易な吸引式のpF計が一般によく使われています【写真3】。なお、維持管理に関しては、灌水設備や建物設備の保守点検が必要なことが露地植えとは大きく異なる点です。

植物の選定の仕方や生育の相違

屋上に植える木本類では耐乾性や耐風性が強いものを選定するほうが安全です。また、生長が顕著に早いものや大木になるようなものは、管理手間を考慮する必要があります。一方草本類は、木本類ほどシビアではなく、比較的良好に生育しやすいといえます。ただし、花卉などの草本類では、植物がわい化（一般に園芸植物や果樹を全体的に小さく仕立てることをいうが、ここでは環境条件などによって植物が通常よりも小さくなることをいう）したり、開花時期や開花期間が変わることなどに留意する必要があります。

写真2　点滴灌水チューブ　　　　　写真3　アナログ型pF計

Q.18 屋上緑化を行う場合の「やらなくてはいけないこと」と「やってはいけないこと」とは。

A. 以下の計画・施工・維持管理のポイントをしっかり押さえること。

計画時に留意すること

　計画時には、①緑化目的や緑化場所の構造的な仕様が把握されているか、②建物や第三者への安全性が確保されているかなどに留意する必要があります。これらに留意することで、緑化方法や緑化面積が決まり、緑化による常時積載荷重の増加量、風に対する安全対策、防水の保護方法などが決まってくるのです。例えば、一般の建物屋上全面を緑化する場合では60kgf/㎡（600N/㎡）とかなり小さい荷重しか載せられませんし、風に対しては場合によっては地上や地中に支柱を設置したり【写真1】、植物の根から建物の防水層を保護するために耐根シートを敷設する【写真2】などの知識が必要になってきます。

施工時に留意すること

　施工時には、①計画どおりに施工されているか、②建物建設中での設計変更などを見落としてはいないか、③安全に植栽基盤がつくられているかなどに留意する必要があります。とりわけ、植栽基盤施工時に屋上のディテールが変更されていることがよくあり、水勾配やルーフドレン位置の変更、スラブ表面のエレベーションの変更などによって、施工計画の変更を余儀なくされる場合がありますので、注

写真1　地下支柱の例　　　　　　　　写真2　耐根シートの敷設

意しなくてはなりません。施工時のこういった管理を怠ると、所定の土壌厚を確保できなかったり、逆に資材を多く投入しすぎて所定の積載荷重をオーバーしたり、防水層を破損するなどの問題を引き起こすことになります。【写真3】は、遮水を兼ねた耐根シートの水張り試験の実施状況です。こういった施工管理の実施が工事の手戻りや不具合の発生を未然に防ぐことになります。

維持管理において留意すること

屋上緑化の造成後は、①屋上設備や植栽設備の維持管理、②植物の維持管理に留意する必要があります。建物設備では、とりわけ雨水排水のためのルーフドレンの取扱いが重要です。すなわち、ドレンを金網かごなどで覆って養生した場合でも、落ち葉などが周りに堆積したり、編み目をくぐってかごの中に入ります。また植栽基盤から浸み出して固まった析出物（エフロレッセンス）がドレンを覆うこともあります。したがって、清掃点検は不可欠になってきます【写真4~6】。植栽設備に関しては、点滴チューブ、電動バルブ、土壌の水分保持状態を数値で示すpF計、制御盤など灌水設備の保守点検が必要です。植物の管理では、木本類では剪定・枝打ち・落ち葉の清掃・施肥・害虫の駆除などを行い、草本類では、枯れ草や害虫の除去、場合によっては優占種や外来種の除草などが必要になってきます。

写真3　耐根シートの水張り試験

写真4　ドレン（雨水排水）

写真5　ドレンの養生例

写真6　ドレン内排出口蓋に付着した析出物

Q.19 既存建物の屋上を緑化する場合、新築の場合と比較して、どういった点に留意したらよいか。

A. 事前に構造仕様や各種設備の確認を行わなければならず、場合によっては改修工事が必要になる。

既存建物の屋上緑化手順

既存建物の屋上を緑化する場合は、①建物の構造仕様の確認、②建物診断、③緑化計画の立案、④改修工事の実施、⑤屋上緑化の設計、⑥施工、⑦維持管理という順序で実施されます。建物の構造仕様とは、屋上の許容積載荷重【表1】、水勾配の大きさ、ルーフドレンの位置、防水仕様、電気・給水関連設備の有無と位置などであり、これらは設計図書や現地調査で確認します。また、屋上緑化を実施する前に、防水や躯体などの健全度をあらかじめ調査・診断する必要があり、場合によっては防水改修、外壁改修、建具改修、内装改修、塗装改修、耐震改修、環境配慮(グリーン)改修などの改修工事*1を行うこともあるでしょう。とりわけ1981年以前に設計・施工された建物では、耐震性能の確認が不可欠になります。なお、既存建物の屋上緑化は、環境配慮(グリーン)改修に位置付けられています。

こういった手順を踏まないで屋上緑化を実施した場合、屋上緑化のみならず、建物にも不具合を発生させたり、近隣や第三者に危険を与えることにもなるので気をつけなければなりません。【写真1】は、防水改修工事、塔屋の外壁改修工事後につくられた屋上緑化事例です。

指針に基づいた既存建物の屋上緑化概要

『建築改修工事監理指針』9章、6節「屋上緑化改修工事」*1では、屋上緑化の一般項目、植栽基盤(システム)、工法、屋上緑化の維持管理などすべてが網羅されています。その中で、既存建物の植栽基盤は、【図1】に示すような保水・排水を兼ねた特殊成形パネルなどのユニット化されたシステムが適用対象となっており、これ以外は特記によるとなっています。屋上緑化の形態には、庭園型、芝生型、菜園型、ビオトープ型、粗放型が挙げられていますが、このうち、粗放型や芝生型が、積載荷重の面からおもに採用されています。一方、庭園型やビオトープ型などでは、土壌を厚くせざるを得ないので、許容積載荷重が問題になってきます。このような場合で

は、①積載荷重を超えないような植栽域の面積やレイアウトなどを算出して詳細を決定する、②改修工事を行う既存建物に押えコンクリートがある場合では新たに押えコンクリートを打設しない工法を採用するなどの設計上の配慮が必要になります。なお、人の出入りのない屋上を緑化し、その後人の出入りを許す場合では、所定の高さ以上の柵、手摺りの設置など、安全対策も必要になってきます。

写真1 既存建物の緑化事例（東京・品川区役所）

表1　建築物の各部の積載荷重（建築基準法施行令第85条）

室の種類	床板	大梁、柱または基礎	地震力荷重
① 住宅の居室など	1,800N/㎡	1,300N/㎡	600N/㎡
② 事務所	2,900N/㎡	1,800N/㎡	800N/㎡
③ 教室	2,300N/㎡	2,100N/㎡	1,100N/㎡
④ 百貨店・店舗売場	2,900N/㎡	2,400N/㎡	1,300N/㎡
⑤ 屋上広場・バルコニー	①の数値による。ただし学校と百貨店の用途に供するものは④による		

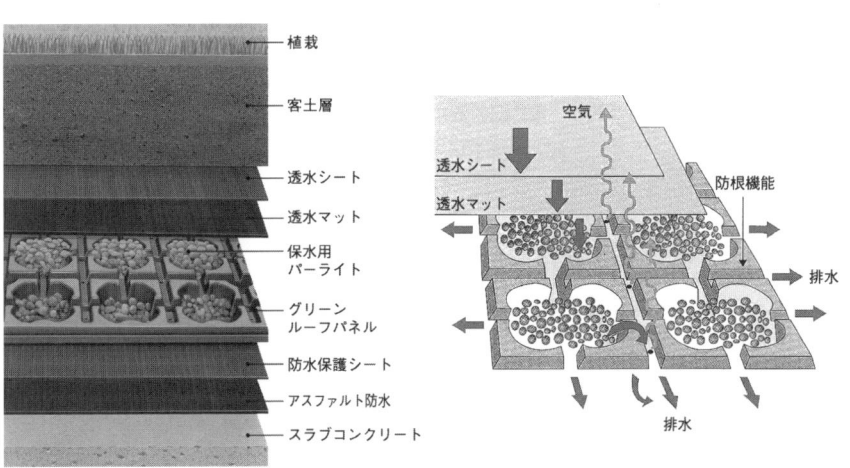

図1　特殊成形パネルの例

参考文献　*1 国土交通省大臣官房官庁営繕部監修『平成22年度建築改修工事監理指針』（国土交通省、2010）

Q.20 環境に配慮した屋上緑化を実施するためには、どのような点に注意したらよいか。

A. 使用する植物・資材・設備・化学薬品への配慮が必要である。

環境に配慮した屋上緑化計画とは

　建物などを建設する際、生物環境を配慮した建築環境総合性能評価システム(CASBEE)や生物多様性国家戦略を踏まえた計画が必要になってきました。屋上緑化の実施は、都市域のヒートアイランド現象の緩和、大気汚染浄化、生物多様性の保全などといった観点から、上述した生物環境の改善に寄与できる行為といえます。このような環境配慮型屋上緑化を実践しようとする場合、①使用する植物、②植栽基盤用資材、③灌水などに関わる設備、④化学薬品の使用方法などについて十分な計画を策定する必要があります。

具体的な実施方法

　使用する植物に関しては、近在の出自の明らかな在来種を用いることが基本です。これは、遺伝子撹乱を防止するとともに、日本固有の在来種を被圧・排除する傾向のある外来種の繁殖・拡散を防止することが狙いです。

　また植栽基盤に使用する資材に関しては、環境に配慮して、【写真1】に示すような廃プラスチック、廃タイヤ、コンクリート解体ガラなどをリサイクルした製品の活用が考えられます。リサイクル資材の活用は、逼迫する最終処分場の処分量の減容化といった観点では大きな意義があるといえるでしょう。

　屋上設備に関しては、【写真2～4】に示すような雨水タンクの設置や風力・太陽光発電施設の設置などが考えられます。雨水タンクは灌水用に利用されるものですが、屋上の積載荷重や設置場所の制約などから、容量は小さくなるようです。屋上緑化では、雨水は降雨時に有効に利用されており、上水道を利用した灌水設備による年間灌水回数を数回程度に抑えることも可能になってきています。したがって雨水タンクの設置に関しては、計画・設計・利用方法・管理方法などを十分に考慮する必要があります。

　風力や太陽光によるクリーンエネルギーは、灌水システム、池の曝気や水循環のためのポンプの電源として活用できます【写真5】。ただし、風力発電施設は、鳥などの

飛来生物への影響が考えられるため、設置にあたっては十分な配慮が必要です。

化学薬品に関しては、周辺環境への影響を考え、害虫駆除用の農薬や化学肥料などの使用を極力避けたほうがよいでしょう。

なお、屋上緑化施設の計画・設計にあたっては、子供から高齢者、車椅子利用者でも楽しめるような、人に優しい施設計画とすることにも配慮する必要があります【写真6】。

写真1　リサイクル資材の利用例

写真2　タンクによる雨水利用例1

写真3　タンクによる雨水利用例2

写真4　風力・太陽光発電施設設置例

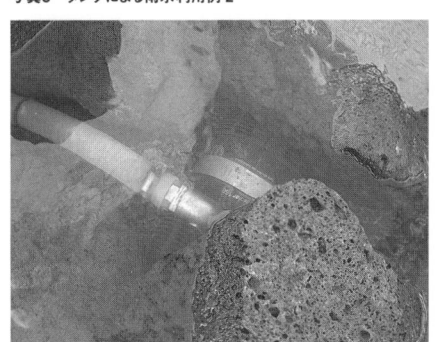

写真5　クリーンエネルギーのポンプ電源利用例

写真6　施設のバリアフリー化例

【環境に配慮した屋上緑化】

Q.21 ライフサイクル評価と屋上緑化との関係は。

A. 建築や設備設計と同様にライフサイクル評価を行うことが必要で、リサイクル材の使用やリユースを図るなどの方法がある。

ライフサイクル評価について

建築物は、その資材調達・生産―建設―運用(改修)―解体・廃棄というライフサイクルを通じて、資源消費、フロン類の放出、エネルギー消費、排水・排気、廃棄物発生など環境に大きな影響を与えています。環境への負荷が少ない持続可能な循環型の経済社会構築時代では、ライフサイクルインパクトとLCC(ライフサイクルコスト)を低くし、かつデザイン性の高い計画・設計が求められます。また、ライフサイクルインパクトを評価する手法に、LCAがあり、LCAにはLCCO₂、LCWなどの評価手法があります【表1】。

屋上緑化でのライフサイクル評価

外構造園や屋上緑化などを計画・設計する際にも、建築や設備設計と同様にライフサイクル評価を行うことが必要です。ただ、現段階では正確に評価できるようなデータが整備されていません。一般的にいわれていることは、輸送段階のCO_2排出量などを考慮すると、海外建材より地場のものを使用することが望ましいことになります。また、発生残土や有機物などの有効利用を図るためにもLCWの評価が

表1　ライフサイクルに関する用語

ライフサイクルインパクト	二酸化炭素排出量、材料使用量、エネルギー使用量、毒性、資源枯渇など、生涯環境影響の重み付け総和
LCC(ライフサイクルコスト)	原材料コスト、建設コスト、維持管理コスト、リサイクルコスト、廃棄処分コストなど、建設から運営、廃棄までを考慮したコストで、長期的な視野に立った経済的評価
LCA(ライフサイクルアセスメント)	その製品や構造物などについて、資源の採取から製品の生産・製造段階、輸送過程、建設の段階、使用段階、そして解体廃棄の段階というライフサイクルで、投入資源、あるいは排出されるものによる環境負荷と自然環境への影響とを定量的、客観的に評価する手法
LCCO₂	ライフサイクルにおけるCO_2排出量
LCW(Life Cycle Waste)	ライフサイクルにおける廃棄物発生量

必要です。建設コストが安くとも維持管理コストや廃棄処分コストがかかるものもあります。【表2】は植栽基盤の違いによるライフサイクルコスト評価をした例です。

表2 屋上緑化のLCC評価項目(試案)と評価例*1

段階別	評価項目 コスト内容	自然土壌 (㎡単価)	改良土壌 (㎡単価)	軽量土壌 (㎡単価)	備考
建設コスト	植栽基盤	5,460円	7,060円	7,800円	
	植物	10,000円			
	灌水設備	6,000円			
	支柱	0円			
	運搬	8,000円	6,000円	4,000円	
	養生	3,000円		2,000円	
	小計	32,460円	32,060円	29,800円	
	構造補強		*補強必要	*不要	
	防水層改修		15,000円		
維持管理コスト	刈込み・剪定		340円		年2回、発生材処理共
	施肥		90円		年2回
	除草		500円		年2回、発生材処理共
	病虫害防除		140円		年2回
	灌水(上水使用量)		245円		0.7㎡/㎡ 350円/㎡
	植物補植	1,000円 (10%)	800円 (8%)	500円 (5%)	初期植栽のX%
	小計	2,315円	2,115円	1,815円	
改修コスト	改修	—	—	—	
	その他	—	—	—	
解体・廃棄コスト	解体	8,400円	7,700円	6,400円	
	運搬	6,500円	6,300円	5,800円	
	養生	1,900円			
	廃棄、再利用	4,800円		3,800円	
	小計	21,600円	20,700円	17,900円	
	その他	—	—	—	

参考文献 *1 山本良一『地球を救うエコマテリアル革命』(徳間書店、1995)/(社)未踏化学技術協会・エコマテリアル研究会編『LCAのすべて・環境への負荷を評価する』(工業調査会、1995)/石塚義高『建築のライフサイクルマネジメント』(井上書院、1996)

Q.22 集合住宅、事務所ビル、集客施設、公共建物など、種類や用途の異なる建物では、緑化計画や手法が変わるのか。

A. 建物の種類や用途だけでなく、荷重や緑化に求める機能などを勘案する必要がある。

いろいろな屋上緑化の方法

屋上緑化の方法は、適用する建物の用途だけでなく、緑化目的、緑化費用など施主あるいは設計者の要望などによって変化します。そこで、まず屋上緑化の方法を【写真1～3】に示す3種類、すなわち、①草本類による緑化（以下、平面的緑化）、②草本類と木本類による緑化（以下、立体的緑化）、③多様なハビタット（生き物の生息空間）を含む緑化（以下、ビオトープ緑化）に分けました。平面的緑化は、芝、セダム類、つる植物、さらには花卉などの草本類による高さ方向の広がりが少ない緑化方法です。立体的緑化は、草本類に加えて、低木から高木といった木本類をバランスよく配置した緑化方法です。ビオトープ緑化は、立体的緑化に加え、小川、池、エコトーンなどの水辺環境や多様なハビタットを備えた生き物を誘致・保全できる生態系に配慮した緑化方法です。実際に行われている屋上緑化は、このうちのいずれかに分類できます。

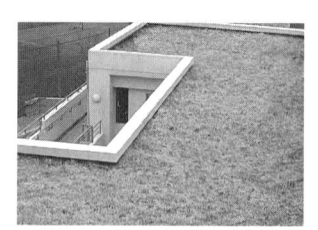

写真1　草本類による屋上緑化

写真2　草本類と木本類による屋上緑化

写真3　多様なハビタットを含む屋上緑化

最適な屋上緑化方法の選定

どの屋上緑化の方法を採用するかは、【表1】に示すように、緑化目的（緑化に求める機能）、建物への荷重負担、メンテナンスを含めた経済性、適用箇所を勘案して決定します。平面的緑化は、積載荷重が40～100kgf/m²（400～1,000N/m²）程度と小さくすることができるので、建物への荷重負荷が少なく、植生によってはメンテナンスのきわめて少ない緑化も可能です。多くの機能を求めず、管理手間を少なくしたいので

あれば、このような緑化は最適でしょう。適用箇所としては、荷重制限のある既存建物、勾配屋根、高層建物屋上などが考えられます。

立体的緑化は、機能面で優れており、積載荷重も土壌厚さによって150〜350kgf/㎡（1,500〜3,400N/㎡）程度（概ね200kgf/㎡（2,000N/㎡））にでき、施工コストも平面的緑化と比較しても遜色のない価格にすることもできます。一方、灌水や植物の剪定などの管理が平面的緑化より多く必要となり、維持管理の経費が若干多くかかることになります。適用建物としては、事務所ビルや集合住宅などが挙げられます。

ビオトープ緑化は、機能面では最も優れており、究極の屋上緑化方法といえます。しかしながら、積載荷重が大きくなること、建設費および維持管理費が高くなることなどが短所です。適用建物としては、自然に近い環境を創出できることやそのヒーリング効果などを踏まえると、公共性の高い施設、商業施設などが挙げられます。また建物屋上では、外部からの侵入者を防止できることから、集合住宅における子供の遊び場、憩いの場としての利用方法も十分考えられます。

表1　屋上緑化方法選定のための評価項目

項目＼種類	草本類による緑化（平面的緑化）	草本類と木本類による緑化（立体的緑化）	多様なハビタットのある緑化（ビオトープ緑化）
設計荷重	40〜100kgf/㎡程度（400〜980N/㎡）	200kgf/㎡程度（2,000N/㎡）（高木・中木・低木・地被類をバランス良く配置）	400〜500kgf/㎡程度（3,900〜4,900N/㎡）（固定荷重として考慮。荷重低減も可能）
機能	①法規制をクリア ②ヒートアイランド現象の緩和（効果＝小）	①法規制をクリア ②ヒートアイランド現象の緩和（効果＝大） ③CO_2削減 ④癒し（効果＝中） ⑤憩いの場の創出（効果＝中） ⑥生物多様性の保全・復元（効果＝中）	①法規制をクリア ②ヒートアイランド現象の緩和（効果＝大） ③CO_2削減 ④癒し（効果＝大） ⑤憩いの場の創出（効果＝大） ⑥生物多様性の保全・復元（効果＝大）
特徴	・管理手間が比較的少ない ・セダム類は植栽ゾーンに入れない ・法令対応	・押えコンクリートのある既存建物への適用は容易 ・屋上の一部分への適用	・自然に近い環境の創出 ・生物の多様性 ・究極の人工地盤緑化
適用箇所	・既存建物 ・傾斜屋根 ・高層建物	・集合住宅 ・事務所ビル	・公共施設 ・商業施設 ・集合住宅 ・事務所ビル
コスト	・建設費＝中 ・維持管理費＝小	・建設費＝中 ・維持管理費＝中	・建設費＝大 ・維持管理費＝大

Q.23 駐輪場の屋根を緑化することはできるか。

A. できる。軽量化を図った薄層緑化工法などが開発されている。

駐輪場と緑化

　日常の通勤・通学、買い物など身近な移動手段である自転車は、最近の健康志向、省エネルギーの貢献などと相まって保有台数も伸びています。全国の保有台数は、2008年に6,910万台に達しており（(社)自転車協会調べ）、国民の2人に1台が保有していることになりますが、都道府県別の自転車普及率を見ると（(財)自転車産業振興協会「自転車統計要覧」平成21年9月）埼玉（0.77台/人）、大阪（0.75台/人）、東京（0.72台/人）と都市部が高い保有率を示し、千葉県、兵庫県、神奈川県と続いています。さいたま市では、自転車の利用者や保有者に対して、建物用途により自転車置き場の設置基準を設けており、中高層住宅では1.5台/戸を設置し1台当りの駐車施設規模は概ね1㎡と義務付け、都市整備やまちづくりの条件にしています。

　自転車駐車場の形態は様々で、無蓋の平置き、屋根付きの駐輪場のほかに最近では駅ビルに近接した立体駐輪場も見られます。折板構造の屋根で覆われた片屋根式の駐輪場が一般的ですが、集合化され規模も大きくなると都市施設として景観的にも環境的にも影響の大きい建築物になってきます。多くの利用者の集まる商業施設、公共施設、集合住宅などに建設される駐輪場では、景観面の配慮や夏季の温熱環境の改善、緑化条例への対応など工夫を凝らして屋根面などを緑化する事例も見られます。

駐輪場の屋根緑化工法

　駐輪場屋根緑化の場合、建築屋根構造の関係で立体駐輪場などのようにRC構造で荷重がある程度見込める場合と折板構造などで荷重条件が厳しく重量物が載せられない場合がありますが、駐輪場屋根に積載荷重の負荷を極力低減するために薄層緑化工法を採用するのが一般的で、シート状、ボード状の様々な植栽基盤、緑化システムが開発されています【表1】。

　屋根緑化の効果を永続的に発揮するために灌水は

写真1　タマリュウマットによる駐輪場緑化

必須であり、また風の吹き抜け、吹き降ろしが予想されるなど風の強い場所に設置する場合は、飛散対策が必要になります【口絵15ページ参照】。

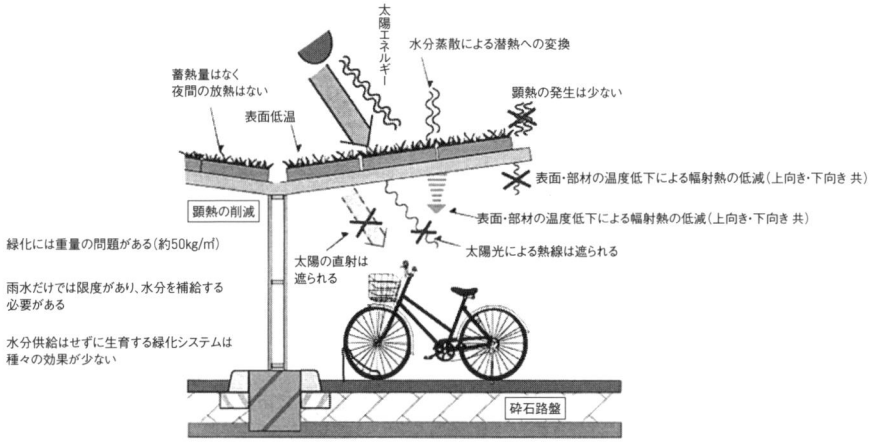

図中ラベル:
- 太陽エネルギー
- 水分蒸散による潜熱への変換
- 蓄熱量はなく夜間の放熱はない
- 表面低温
- 顕熱の発生は少ない
- 顕熱の削減
- 表面・部材の温度低下による幅射熱の低減(上向き・下向き 共)
- 緑化には重量の問題がある(約50kg/㎡)
- 太陽の直射は遮られる
- 太陽光による熱線は遮られる
- 雨水だけでは限度があり、水分を補給する必要がある
- 水分供給はせずに生育する緑化システムは種々の効果が少ない
- 砕石路盤

図1　駐輪場緑化による温熱環境改善効果*1

表1　駐輪場屋根の薄層緑化システムの主なタイプ

タイプと断面図(参考)	主要な植栽基盤	システムの概要	灌水	風対策
シート型	不織布などのシート＋補強基盤	不織布などのシートにセダムなどの植物を植え付けた「緑化シート」を屋根に設置する方法。このシートタイプの場合、下部に別の基盤を設けシステムを補強する必要がある	緑化の効果を永続的に発揮するために灌水は必須	シートなどの飛散対策が必要
マット型	土壌などを充填したマット＋補強基盤	袋状の資材に土壌などを充填した柔軟性のあるマット資材に、植物を定着させて屋根に設置する方法、植物を混合した土壌を使う方法、表面に種子を播いて植物を定着させたマットを設置する方法がある。マットの下部に別の基盤を設け、システムを補強する必要がある	同上	マットなどの飛散対策が必要
ボード型	人工土壌を固形化したボード＋補強基盤	無機・有機の人工土壌を固形化した硬いボード上の基盤に、植物を定着させて屋根に設置する方法とボードを屋根に設置した後に芝やセダムなどを植栽基盤搬入後に現場で植え付ける方法がある。ボードの下部に別の基盤を設置して、システムを補強するのがベター	同上	ボードの飛散対策が必要。ボード搬入後に植物を植え付ける場合は、植物定着まで、防風ネットなどによる対策が必要
パレット型	土壌などを充填したパレット	樹脂素材などのパレット状の容器に、土壌・保水層・排水層などを組み込んだもので、パレットに植物を定着させて屋根に設置する方法とパレットを屋根に設置した後に植物を植え付ける方法	同上	パレットの飛散対策が必要。パレット搬入後に植物を植え付ける場合は、植物定着まで、防風ネットなどによる対策が必要
積層型		屋根に直接緑化システムを構築する方法。折板屋根面に、耐根層、排水層、フィルター層、土壌などの資材により基盤を設置し植物を植え付ける方法。初期完成度を高め土壌の飛散対策のためロール芝マット、タマリュウマットなどを植え付ける方法がある	同上	植物が定着するまで飛散対策が必要

参考文献　(財)自転車駐車場整備センター、(財)都市緑化技術開発機構『自転車等駐車場の緑化に関する検討調査』(2010、2011)

Q.24 立体駐車場の上を緑化することはできるか。

A. 可能で意義があり、軽量緑化舗装も開発されている。

駐車場緑化を推進する意義

　高密度に開発された現在の都市部において、新たな緑地を確保できる新たな空間として、平面駐車場の緑化のほか、立体駐車場の屋上部分の緑化が注目を集めています。また、最近では、カーシェアリングも進んでいることから、今まで利用してきた駐車スペースが空いてくることもあり、その部分に緑化を行うことは都市の緑化を推進する上で大いに意義があることです。

一般の屋上緑化と駐車場緑化の相違点

　立体駐車場の場合、車を載せるために設計されていますから、一般建物と比べて積載荷重は大きく取られています。したがって、車両を載せずに緑化するとすれば、かなり本格的な緑化や菜園なども可能性があります。

駐車場としての利用と屋上緑化

　大地の駐車場の緑化舗装と同じように屋上を駐車場として利用しながら緑化する場合には、軽量な緑化舗装を導入することにより屋上緑化が可能です。一般的には駐車をさせず、景観を考慮して駐車場部分を緑地とします。全面的に緑化して屋上庭園として利用する場合、部分的に緑化する場合などいろいろあります。

屋上の軽量緑化舗装

　緑化舗装は、合成樹脂やコンクリートブロック、レンガブロックなどの植栽植物保護材を使用し、芝生などの植物の生育を考慮した透水性のある舗装です。透水性のほか、照り返し防止や緑としての機能があり、駐車場や広場などに使われています。屋上に適する緑化舗装のタイプとしては、荷重条件から樹脂製保護材使用緑化タイプと耐圧基盤土壌使用の緑化タイプが挙げられます。屋上の軽量緑化舗装は、軽量化のために砕石路盤がありません。また、自動灌水が必要です。

　緑化舗装に使用する植物としては、ノシバ、コウライシバが一般的ですが、日陰地ではタマリュウなどが適します。

緑化舗装は、使用頻度が高い場所や進入路には使用には適しません。また、ハイヒールなどの人の利用を考慮して、一部通路を設けてください。

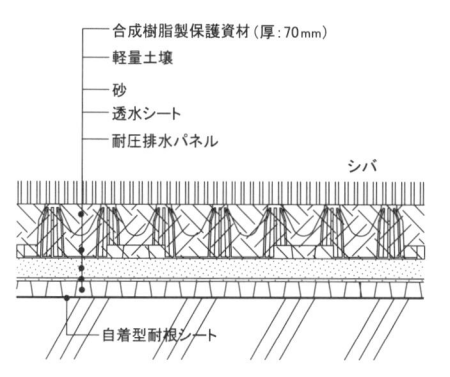

図1　保護資材使用の緑化舗装断面（芝生）例

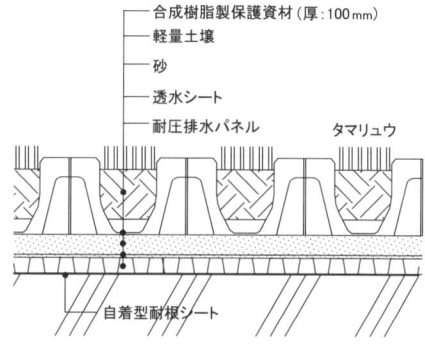

図2　保護資材使用の緑化舗装断面（タマリュウ）の例

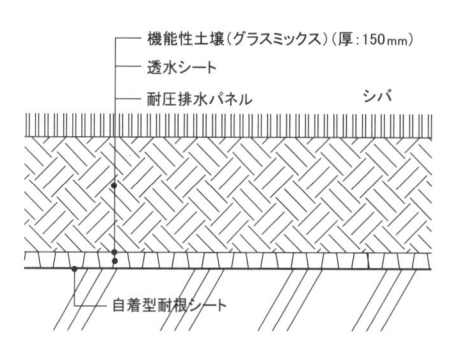

図3　機能性土壌の緑化舗装断面例

写真1　軽量緑化舗装例

写真2　車止め部分の緑化例

写真3　立体駐車場の全面緑化例

【立体駐車場の屋上緑化】

Q.25 屋上ビオトープとは何か。またそれをつくるには。

A. 屋上ビオトープは生物多様性の保全に寄与する
質の高い屋上緑化方法であり、以下のポイントに留意してつくる。

屋上ビオトープとは
　屋上ビオトープとは、草本類と木本類の植栽に加え、池・小川・エコトーンなどの水辺、粗朶積み、空石積み、堆肥槽などといった生き物の生息空間(ハビタット)を多く備えた屋上緑化と定義できます。したがって屋上ビオトープは、最もグレードが高い屋上緑化方法といえ、都市域における生態系の保全や復元の一翼を担うことも期待されています。

留意すべきポイント
　屋上ビオトープをつくる際に留意すべき点は、①建物高さや周辺環境がビオトープ建設に相応しいこと、②屋上の設計荷重を超えないようビオトープ基盤の軽量化を図ること、③多様なハビタットを設えること、④物質循環や生物多様性を踏まえた資材を選定すること、⑤出自が明らかで遺伝子撹乱の恐れがない植栽や生き物を導入すること、⑥建設後の管理手間が一般の屋上緑化より多くかかること、などです。

施工手順
　屋上ビオトープの施工は、例えば【写真1】に示すような手順で行われます。
　①屋上ビオトープ設置場所の整地(準備工)、②軽量コンクリートブロックによる見切材の施工(ビオトープゾーンの製作)、③嵩上げ材の施工(高低差の演出と軽量化)、④池・小川循環水設備の施工、⑤遮水・耐根シートの施工(植栽域からの漏水防止)、⑥軽量資材による池・小川造形部の施工、⑦給排水管の施工(植物への灌水用設備工事)、⑧造形部の遮水・耐根シートの施工(水辺周りの漏水防止)、⑨排水層の施工(水はけのよさを確保し、根腐れを防止)、⑩透水シートの敷設(土壌の流出防止)、⑪ヤシ繊維シートの敷設(水田土の流出防止)、⑫人工軽量土壌の施工、⑬水田土の施工(水辺周りの土壌)、⑭木本類の植込み、⑮畑土の施工(表層部のみ)、⑯草本類の植込み、⑰マルチング材の敷設(園路部)、⑱多様な生物のハビタットづくり、⑲屋上ビオトープ管理設備の設置(場合による)、⑳完成(竣工)。

建設前準備が完了(①)  　　　　　見切材・嵩上げ材の施工(②③)

遮水・耐根シートの施工(⑧)  　　排水層の施工(⑨)

植栽・土壌の施工(⑭⑮)  　　　　竣工直後の様子(⑳)

写真1　屋上緑化の施工手順(東京都江東区・清水建設技術研究所内屋上ビオトープ)

Q.26 植物がなくても土壌と水分さえあればいいのでは。

A. 屋上に広がりのある"原っぱ"をつくることで、土壌の流出を防ぎ、都心に快適で貴重な空間をつくることができる。

屋上の原っぱとは

　土壌に含まれる水分が多いほど都市環境の改善効果、建物の省エネ効果は高いといえます。研究者によっては植物がなくとも土壌と水分さえあれば同等の効果が得られるのではという人もいます。しかし、植物がないと土壌の飛散や流出が起き、急激に土壌がなくなる恐れがあるため、植物があることが重要です。

　また、屋上は空が広がり遠くを見渡せる貴重な空間です。屋上に広がりのある"原っぱ"をつくることで、都市環境の改善効果、建物の省エネ効果が期待できるだけではなく、都心においても駆け回り転げ回り、寝転べる空間として利用することができます。

　"原っぱ"というからには草丈がせいぜい人の膝ぐらいまでと考えられ、植物は草丈が低ければ芝でなくてもよいことになります。よって基盤の構造も保水能力の高い排水資材、土壌資材を使用します。しかし水分が多いと草丈の高い植物が優占する可能性が高く、低く抑えるためには刈込みなど、管理の頻度を高める必要が出てきます。また反対に乾燥に強い植物を植え付け、降雨のみで灌水を行わない手法もあります。

人々が利用できる原っぱの造成

　人々が利用できる原っぱでは、転げ回ったり、寝転んだりするときに足の裏やお尻が濡れないようにしなければなりません。そのためには、過剰な水分を排水層を通して排出しやすい基盤構造が要求されます。また、踏み付けによる土壌の固結、嵩の変化が少ない土壌が必要であり、排水層も人がその上で飛び跳ねても潰れない強度が要求されます。

　芝生などでは除草を行う代わりに頻繁な刈込みを行い、芝草と雑草が混生しているごく低い草原をつくる手法があります。積極的に、チガヤ、チカラシバ、カゼクサなどを使用し、日本における自然草原に近い原っぱをつくる方法もあります。

傾斜のある原っぱ

　傾斜のある原っぱを造成する際には、水の流れが速くなることから、排水層は面的なものだけでなく、魚の骨状に配置した線状の排水材が必要です。また、急傾斜の場合土壌などの基盤がずり落ちないような土留めの対策が必要で、計画の際には建築構造面の検討が重要となります。さらに、長大な傾斜面では水が1ヵ所に集中しないよう、斜面の途中においても排水できるような対策が重要です。

　自重によるずれや嵩の変化などで土留め際に隙間ができないような土壌の選択も重要であり、不安な場合は立体網状体などの中に土壌を入れてずれを起こさないようにします。特に播種(種子を播いて発芽させたもの)による原っぱの造成では、植物の根が土壌を捉えるまで飛散や流出、崩壊が起こらないように土壌表層部分に立体網状体を敷き込むか、目の細かいネットを張ることが必要になります。これはその後の利用、管理での人の立入りにおいても有効になるでしょう。

ビオトープなどの多様な生物生息環境を造成するための原っぱ

　ビオトープなど多様な生物生息環境を造成するための原っぱは、野草マットなどを使用してつくられますが、郷土種を重視する場合、材料の生産地に注意する必要があります。このような原っぱでも期待されない外来種、強雑草、高茎雑草、つる性雑草などの草種が出現した場合は、選択的に除草することも必要になります。本来里山や田んぼの畦などは年に何回かは刈り取られているはずであり、ビオトープ型の原っぱでも刈込みを行う必要があります。

　日本においては屋上といえども刈込みをまったく行わず放置すると、草丈の高い多年生の雑草が繁茂したり、やがては樹木が生えてきて藪となってしまうため、刈込みの管理だけは必要となります。

写真1　新潟市民芸術文化会館

写真2　国土交通省建物屋上庭園ビオトープ

Q.27 屋上菜園をつくるには。また軽量土壌でも野菜は栽培できるのか。

A. 風対策と荷重条件に注意する。軽量土壌は飛散しやすい。

屋上菜園をつくる上での注意点

　屋上に菜園をつくる場合に、最も問題となるのは風対策と十分な荷重条件です。屋上は、日当たりがよく、雑草の飛散が少ないなどのメリットがある反面、風が強い、鳥の被害を受けやすいなどのデメリットがあります。【表1】に示すように植える野菜を考え、土壌の基盤と防風対策を考慮してつくる必要があります。

軽量土壌で野菜を栽培する場合

　軽量土壌で野菜を栽培する場合には、堆肥や肥料分を混ぜるか、野菜栽培用の軽量土壌を使用する必要があります。枝豆などのマメ科の野菜を栽培する場合には微生物資材の混入が必要となります。ただし、軽量土壌は土壌が飛散しやすいので風対策を十分にしてください。またはコンテナなどによる栽培がよいでしょう。

表1　屋上菜園をつくる上での注意点

項目	内容
土壌	野菜は樹木や花などに比べて、最も養分を必要とする。土壌は自然土壌または改良土壌が一般的で、堆肥や肥料を入れて使用する。菜園用の軽量土壌も開発されている
土壌の厚さ	コマツナなどの葉ものの野菜では20cm程度の深さでも栽培可能。一般的には30～40cmの深さとして、大根などのような根菜類を植える場合には50cmは必要。またはミニサイズのものを植える
排水層	耕せるくらいの比較的広い屋上菜園の場合、鍬による防水層または防水押えコンクリートなどの破損防止と、排水層のパーライトと土壌が混ざらないようにするために保水排水パネルや排水パネルなどを使用した排水層とする。必要に応じて保護用のメッシュの設置が望ましい
防風対策	風により芽が切れたり、倒されたりするほか、土壌が飛散して近隣に迷惑をかけることがあるので防風ネットや生垣などを設置して風の害を防ぐ。特に軽量土壌を使用する場合には重要である
灌水設備	野菜は水分の要求が高いので、灌水ホースなどを設置すると管理が容易になる
野菜の種類	風の影響を受けやすい背の高いトウモロコシなどの野菜は適さない。風の影響のない屋上では気象条件や植栽基盤厚によるが、いろいろな野菜や家庭果樹の栽培が可能

写真1　保水排水パネルの設置

写真2　防風ネット

写真3　軽量土壌での野菜の栽培試験

写真4　コンテナによる栽培

写真5　屋上貸し菜園

写真6　屋上エディブルガーデン

参考文献　山田貴義『図解 プランターの野菜つくり』(農山漁村文化協会、1992)／増田繁『野菜の袋栽培』(農山漁村文化協会、1996)／岩松清四郎『ベランダでつくるおいしい果物34種』(農山漁村文化協会、1991)／湯浅浩史『新版 農薬を使わないミニミニ菜園』(健友館、1993)

【屋上菜園】

Q.28 園芸療法を考慮した屋上ヒーリングガーデンをつくるには。

A. 休息場所を設け、安全面に十分に配慮し、五感を刺激するような植物を植える。

病院や老人健康保険施設の屋外環境の留意点

病院や老人健康保険施設は、患者さんにとっては治療や療養の場であるとともに、"生活の場"であり、緑あふれる潤いのある癒しの環境とすることが望まれます。また、患者さんのみならず、見舞い客、介護する人、勤務する人の利用と快適性を考慮したものとすることが大事です。

病人や高齢者は健康な人と異なり、屋外の気温や風、光に敏感です。したがって、風を防いだり、日の当たるところや日陰となるところなど多様な場所をつくり出したり、移動式のファニチャー類を設置する必要があります。子供の長期入院患者対象の場合、プレイエリアや自然と触れ合える屋外空間をつくることが必要です。転倒防止や転落防止など安全面に十分注意します。さらにプライバシーの確保とともに、患者が屋外を眺められるように計画することが大事です。

園芸療法とヒーリングガーデンについて

「園芸療法とは、園芸を手段として身心の状態を改善すること」と定義されています(英国園芸療法協会による)。また、園芸療法の効果としては、緊張感を和らげたり、情緒の安定、気分の高揚をもたらすなどの精神的な効果、五感の刺激による身体機能の回復や、作業による運動機能の回復などの身体的な効果、社会性や公共性の向上などの効果、特に植物を媒体としてコミュニケーションが図れる社会心理的な効果があります。

園芸療法の内容としては、プログラムに基づいて、種まきや植え付け、水遣り、堆肥づくり、収穫などの一般的な屋外でのプランターや花壇での植物の栽培、簡単な庭づくり、挿し木や苗づくり、押し花などのクラフト、七草粥や花見、モミジ狩り、焼きいも大会などのイベントが行われています。

また、園芸療法の庭には「香りの庭」「タッチガーデン」「デモンストレーションガーデン」「コミュニティガーデン」「ヒーリングガーデン」といったものがありま

す。「ヒーリングガーデン」とは、五感を刺激するような植物が植えられた参加型のガーデンのことをいいます。

表1　屋上のヒーリングガーデンをつくる上での留意点

① 一般の屋上緑化の留意点に準じる。特に、風と安全面に留意する
② 風の影響が少ない場所に設ける（防風ネットの設置など）
③ 日当たりの良い場所と藤棚など木陰で休める施設を設け、ベンチや移動可能な椅子などを配置する
④ バリアフリーとし、滑らず、照り返しの少ない舗装材を選ぶ
⑤ 高床花壇（レイズドベッド）を設ける
⑥ 全員が庭に親しみ、利用でき、しかも快適であるものとする
⑦ 維持管理作業が負担にならないようにする
⑧ 利用者の好みを把握する（庭仕事より観賞に重点を置くのか、野菜をつくるのか。草花を育てるのか、野鳥や昆虫の訪れる庭にするのか。香りを楽しむのかなど）
⑨ 毒性のない五感を刺激するような植物を植えるのが望ましい。高齢者に対しては、明るい色の草花と昔親しんだ植物を植える。無農薬栽培を原則とする

写真1　レイズドベッド

写真2　ガーデニングテーブル

写真3　置き式のパーゴラ

写真4　学生による手づくりの屋上ガーデン

参考文献　C.マーカス、C.フランシス著、湯川利和、湯川聡子訳『人間のための屋外環境デザイン』（鹿島出版会、1993）／U.コーヘン、G.D.ワイズマン著、岡田威海、浜崎裕子訳『老人性痴呆症のための環境デザイン』（彰国社、1995）／（財）日本緑化センター『GARDENS FOR EVERYBODY』(1998)／吉長元孝、塩谷哲夫、近藤龍良編『園芸療法のすすめ』（創森社、1998）／「環境・景観デザイン百科」『建築文化』11月号別冊（彰国社、2001）

Q.29 メンテナンスが少なく、ランニングコストがあまりかからない屋上緑化方法とは。

A. 剪定・灌水などの手間がほとんどなく、通年の緑量が確保できる植物を選定する。

メンテナンスが少ない屋上緑化とは

　屋上緑化を実施した場合、①植物（草本類と木本類）の管理、②屋上緑化設備の管理、③建物設備の管理が必要になります。①は、病害虫の予防・駆除、枯れ草の除草、落ち葉などの清掃、他の植物を被圧する外来種や優占種の駆除、整枝・剪定、施肥などです。②は、灌水設備（電動バルブ、灌水用配管、制御盤、pF計などの土壌水分計）、樹木用支柱、その他付帯設備の保守点検です。また③は、ルーフドレンなど雨水排水設備の点検・清掃、人の出入りのある屋上では施設全体の安全点検などです。

　これらの管理項目をどれだけ減らせるかは、用いる植物や植栽基盤に依存します。イネ科、カヤツリグサ科、キク科などの植物を用いた粗放型緑化の場合でも、地上部の空地に生える場合とは異なり、枯れ草の除草・撤去、ルーフドレン周りの点検・清掃などは必要になってきます。このような粗放型では、通年の緑量確保が難しいことが大きな欠点といえます。ローメンテナンスの屋上緑化を行うためには、剪定などの手間がなく、落ち葉や枯れ草の発生量が少なく、通年の緑量が確保でき、灌水をほとんど必要としないような植物を選定するのが望ましいでしょう。代表的な植物としては、セダム類や一般に雑草と称せられる草本類などがあります。

ローメンテナンスの屋上緑化システムと管理コスト

　ローメンテナンスの屋上緑化システム（植栽基盤）例として、【図1】に示すような薄層緑化システムを挙げることができます。同システムは、底面に保水排水性能を有した50×50×厚さ5cmのセダム植栽ユニットを敷き並べ、ワッシャーで固定する方式です。積載荷重が60kgf/㎡（600N/㎡）以下と軽量で、基本的には無

図1　薄層緑化システム例

灌水方式ですが、降雨量の少ない夏季を想定すると灌水装置の設置が推奨されています。このようなシステムで最も簡易な管理手法としては、雑草除草と排水口点検清掃（年3回）、施肥（2年に1回）といった管理であり、この場合の管理費用は、概ね300～600円/㎡・年（植栽面積100㎡以上、2003年度において）程度になります。

なお、薄層緑化システムは様々なものが開発・販売されていますが、基盤厚の極端に薄いシステムなどでは遮熱効果がほとんど認められないものもあるので、設置にあたっては注意を要します。

ローメンテナンスの屋上緑化事例

ローメンテナンスの屋上緑化事例を【写真1～3】に示します。この種の緑化では、人の出入りのない高層建物の屋上、傾斜屋根、積載荷重にかなりの制約がある既存建物などに効果的に適用されています。

写真1　高層建物への適用例（元麻布ヒルズフォレストタワー（森ビル））

写真2　建物4階バルコニー部

写真3　傾斜屋根への適用例

Q.30 屋上緑化のイニシャルコストとランニングコストはどのくらいか。

A. 屋上緑化方法により異なってくる。

屋上緑化の種類と建設費

屋上緑化の種類としては、前述したように、セダム・シバなどの草本類による緑化(以下、平面的緑化という)、草本類に低木から高木といった木本類を加えた緑化(以下、立体的緑化という)、水辺環境やハビタットなどが多く配置されたビオトープ緑化があります。これらの建設費は、屋上緑化の規模、土壌厚、植物の種類などによって変化しますが、設計価格で、各々概ね20,000〜30,000円/㎡、30,000円/㎡程度から、40,000円/㎡程度から、とすることができます【表1】。なお、この設計価格の中には、荷揚げ費は含まれていません。荷揚げには、揚重機代、玉掛け要員や安全対策のため

表1 コスト比較

コスト		種類	セダム・芝本など草本類による緑化(平面的緑化)	草本類に木本類を加えた緑化(立体的緑化)	ビオトープ緑化
建設費(円/㎡)(荷揚げ費は含まず)			20,000〜30,000	30,000程度から	40,000程度から
維持管理費	水道使用量(㎥/㎡・年)		0(セダムなどで無灌水方式を採用した場合)	灌水方法や植栽基盤の種類によって異なるが、天水を効率よく利用できれば0.2〜0.4程度	植物への灌水0.2〜0.4程度に水辺域からの蒸発量0.9〜1.0が加わる
	電気使用量(kWh・年)		0	灌水制御を自動にした場合でも、施設全体で100程度以下	小川などを流す場合、水循環のための揚水ポンプが必要になる。小川の大きさによっても異なるが定格電力で300Wくらいは必要。この場合で、電気使用量は2,700程度
	植栽および設備管理(/年)		施設内清掃(4回以上)除草(2回以上)施肥(1〜2回)	施設内清掃(4回以上)灌水装置点検(4回)除草(2回以上)剪定・刈込み(1〜2回)施肥(1〜2回)病害虫防除(1回)	施設内清掃(4回以上)灌水装置点検(4回)除草(2回以上)剪定・刈込み(1〜2回)施肥(1〜2回)病害虫防除(1回)

の警備員などの労務費がかかるので、見積り時には必ず荷揚げ費を見込む必要があります。

屋上緑化の維持管理費

　屋上緑化の維持管理費には、水道料金、電気料金、植栽および設備の管理費用（主に労務費）があります。水道料金に関しては、セダム類などでは無灌水方式も可能なため、水道料金を0円にすることもできます。立体的緑化では一般に灌水が必要ですが、天水（雨水）を効果的に利用することで水道使用量を0.2～0.4㎥/㎡・年程度にすることができます。また、ビオトープ緑化では、植物への灌水に加え、蒸発による水辺域への水補給が必要になります。【図1】は、水辺域への補給水量の計測結果を示したものであり、水辺域への補給水量は0.9～1.0㎥/㎡・年になり、これらの値を用いて水道料金を試算することができます。

　電気料金に関しては、平面的緑化や立体的緑化ではほとんどかかりませんが（自動灌水制御を用いた場合で、100kWh/年程度）、ビオトープ緑化では、循環水を用いて小川を流す場合、揚水ポンプ（定格電力300W程度以上）の電気料金が必要になってきます。

　次に植栽および設備の管理費用に関しては、施設内清掃、灌水装置点検、除草、剪定・刈込み、施肥、病害虫防除などの項目があり、【表1】に示すように屋上緑化の種類によって項目数や頻度が異なるようですが、平面的緑化では300～1,600円/㎡・年、立体的緑化で2,000～4,500円/㎡・年、ビオトープ緑化で立体的緑化と同程度以上の植栽および設備の管理費用になるようです。

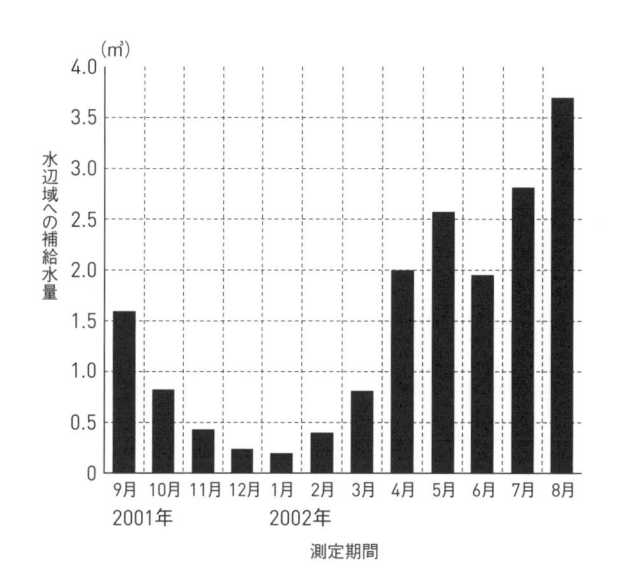

水辺面積：19.4㎡　緑化面積：154㎡
年間総補給水量：17.6㎥/年
日最大蒸散量（水位換算）：約6mm/日
日最小蒸散量（水位換算）：約0.3mm/日
日平均蒸散量（水位換算）：約2.5mm/日

図1　蒸発にともなう水辺域への補給水量の変化

Q.31 建物屋上の重量が大きくなれば、建物の建設費は大幅にアップするのか。

A. 設計荷重増による建物建設費のアップは小さい。

既存および新築建物屋上の緑化と積載荷重

　一般の建物の設計では、屋根(歩行用)の構造計算用積載荷重は、建築基準法施行令第85条に示される住宅の居室に対する積載荷重を採用する場合が多い。それによれば、床の構造計算用積載荷重は180kgf/㎡(1,800N/㎡)、大梁、柱、基礎の構造計算用積載荷重は130kgf/㎡(1,300N/㎡)、地震時用積載荷重は60kgf/㎡(600N/㎡)が採用されています【→Q.19】。また非歩行屋根はこれらの半分の積載荷重で設計される場合が多いようです。

　これにより、一般の既存建物では、植栽の自由度を保ちながら全面緑化を行うことは困難であり、例えば屋根全面積の1/3程度以下を小面積に分散して緑化面積とすることで、概ね積載荷重180kgf/㎡(1,800N/㎡)程度までの植栽域を建設できる可能性があります。近年の屋上緑化資材の軽量化や土壌基盤の薄層化などを踏まえると、中木(樹高2〜3m)程度までの樹木をあしらった屋上緑化が可能でしょう。

　一方新築の建物では、屋上緑化を固定荷重と考えてあらかじめ設計に考慮しておくことで、水辺、粗朶積みなど生き物の生息空間であるハビタットを多く配置した自由度の高い屋上緑化(屋上ビオトープ)も可能になります。しかし、屋上の固定荷重を大きくした場合、躯体断面や杭・基礎が増大し、コンクリート工事費や鉄筋工事費などの建設費の増加が懸念されます。この建設費の増加は、建物の構造種別、建物の規模、支持地盤の特性などに大きく左右されると考えられます。建物の代表的な構造に、鉄筋コンクリート構造(RC造)、鉄骨構造(S造)、鉄骨鉄筋コンクリート構造(SRC造)などがあります。建物自体が比較的軽く、スパンが大きいS造では、変形が設計のクライテリアとなる場合が多く、屋上緑化による荷重増加は基礎工事や躯体工事に大きく影響を及ぼすと考えられます。一方RC造やSRC造は、コンクリートで躯体がつくられるため建物自体が重く、屋上緑化による荷重増加は、建物全体重量と比較すればその増加割合は小さくなるといえます。また建物高さの影響に着目すれば、建物全体重量に対する屋上緑化による荷重増加率は、高層建物ほど小さくなると考えられます。よって、低層S造建物の屋上緑化による建設費の増加率が最も大きく

なり、高層RC造建物の建設費増加率が最も少なくなると考えられるでしょう。

設計荷重増による建物建設費のアップは小さい

【表1、2】に示す条件で、屋上緑化による建物建設費のアップ率を試算してみました。一般屋上の荷重条件を基準にして8つのケーススタディ結果を整理すると、【図1】に示すようになります。通常の屋上緑化を行うことを前提として300kgf/㎡(2,900N/㎡)を設計荷重とした場合、一般屋上の設計荷重条件と比較して、総工事費用が最大で1%程度までアップしました。4階建て程度以上のRC造建物(建物3および4)の場合では0.3%程度以下のコストアップに抑えることができます。屋上緑化の効果や資産価値の向上などを考慮すると、建設費のアップ率はほとんど無視できる値といえないでしょうか。

表1　建物の設計条件

項目	建物1	建物2	建物3	建物4
建物用途	商業施設(物販)	事務所	集合住宅	集合住宅
構造種別	S造	S造	RC造	RC造
階数	4	8	4	9
基準階階高(m)	4.5	4	3.2	3.2
1階階高(m)	5	5	3.5	3.5
スパンX(m)	8.5	7.2	7	7
スパンY(m)	8.5	14.4+8.4	7	7

表2　建物の荷重条件

荷重条件	荷重(kgf/㎡)		
	スラブ	架構	地震
ケース1(一般屋上)	180	130	60
ケース2(通常の屋上緑化)	300	300	300
ケース3(かなり余裕のある屋上緑化)	1,000	1,000	1,000

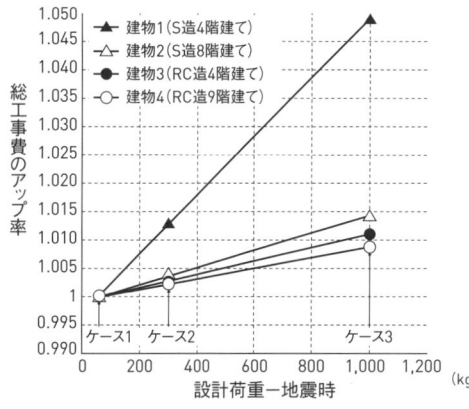

図1　屋上の設計荷重と建設費

3章

屋上緑化の設計

Q.32 屋上緑化に適した植物とは。

A. たいていの植物を植えることができるが、大きくなる樹木は適さない。

植栽での留意点

　屋上に樹木を植える際、大きくなる樹木は荷重などの点から適しません。また、背の高い草花は風で倒れやすいので注意する必要があります。その他は地上の場合と同様に、計画地の気象条件や自然環境条件に適した樹木の中から、積載荷重条件や植栽基盤の厚さ、樹木の生長度、搬入などを考慮して樹種および形状を選びます。植栽する植物は、防風対策や軽量土壌などを用いて植栽基盤を確保すれば、たいていの植物を植えることは可能です。乾燥に強い植物として、コノテガシワ、イヌツゲ、サザンカ、ハイビャクシン、ノシバ、セダム類、マツバギク、ローズマリーなどがあります。ただし、キンモクセイの生垣は適しません。

　屋上の植栽計画で注意することは、風害やメンテナンスを考慮して、1階の人工地盤では街並みを形成するような高木を植栽し、低層部の屋上では中高木のある緑化で、上に行くにしたがい灌木類主体、グラウンドカバー主体となるように計画することが望ましいでしょう。また、植え方としては、外周部に風や乾燥に強い樹木を植えて風を遮り、内部に草花などを植栽します。枯れ枝や実の落下によるケガなどの防止のために、高木や実のなる樹木はやや内側に配置することが重要です。

写真1　多種多様な植物が植えられた屋上

写真2　五感を刺激する植物の植えられた屋上のヒーリングガーデン

表1 屋上緑化に適する植栽植物リスト（関東〜九州）

分類		植物名
高中木類	針葉樹	カイズカイブキ、コノテガシワ、ニオイヒバ・グリーンコーン、エレガンテシマ、イヌマキなど
	常緑樹	イヌツゲ、ウバメガシ、カクレミノ、カナメモチ、ゲッケイジュ、サカキ、サザンカ、ヤブツバキ、ネズミモチ、ヤマモモ、ユズリハ、マサキ、ブラッシュノキ、ソヨゴ、レッドロビンなど
	落葉樹	サルスベリ、ネムノキ、ハナズオウ、ハナミズキ、エゴノキ、シャラノキ、ヤマボウシ、ムクゲ、ロウバイ、ジューンベリーなど
低木類	針葉樹	ハイビャクシン、フィラフィレオーレラ、ハイネズ類など
	常緑樹	アベリア・エドワードゴーチャー、シャリンバイ、トベラ、ハマヒサカキ、ボックスウッド、マメツゲ、サツキ、ツツジ類、カンツバキ、コクチナシ、ジンチョウゲ、ヒペリカム類、ハクチョウゲ、セイヨウイワナンテン類、オタフクナンテン、ヒイラギナンテン、ホソバヒイラギナンテンなど
	落葉樹	エニシダ、ボケ、ユキヤナギ、ドウダンツツジ、ヒュウガミズキ、レンギョウ、ヤマブキ、ユキヤナギ、オオデマリ、フイリノアオキ、アジサイ、ガクアジサイ、アナベル、カシワバアジサイ、コデマリ、コムラサキシキブ、ハギ類など
グランドカバープランツ類	常緑多年草	タマリュウ、リュウノヒゲ、フッキソウ、ヤブラン、フイリヤブラン、ヤブコウジ、トクサ、ツワブキ、ヒメシャガ、アジュガ、シバザクラ、マツバギク、ユリオプスデージー、タマスダレ、ヘメロカリス、ニューサイラン、クリスマスローズなど
	落葉多年草	ギボウシ、ドイツスズラン、スイセン、宿根バーベナ、ヒメイワダレソウ、イワダレソウなど
	つる植物	ヘデラ類、ビンカミノール、ハツユキカズラなど
	ハーブ類	ローズマリー類、ラベンダー類、タイム、セージ類、スイートバジル、カモマイル、ミント類、ローズゼラニウムなど
	多肉植物	メキシコマンネングサ、タイトゴメ、キリンソウなど
	グラス類	タカネススキ、ベニチガヤ、パンパスグラス・プミラなど
	芝	コウライシバ、ノシバ、TM9（改良シバ）など
家庭果樹	常緑樹	オリーブ、ユズ、キンカン、レモンなど
	落葉樹	カキ、イチジク、ブルーベリー、キイチゴ、ユスラウメ、キウイフルーツなど
野菜		ナス、ジャガイモ、キュウリ、カボチャ、サツマイモ、カブ、コマツナ、ニンジン、アオジソ、オクラ、モロヘイア、ニラ、シュンギク、リーフレタス、ショウガなど

Q.33 セダムとはどのような植物か。

A. 万年草、ベンケイソウとも呼ばれる乾燥に強い野草。
日本でも30以上の種類がある。

セダムの特性

「セダム(sedum)」とは、聞き慣れない名前ですが、ラテン語"sedre(「座る」の意)"に由来し、岩石や壁に着生することにちなんで命名されています。植物図鑑には「野草」として、代表的なセダム植物が掲載されています。年配の方々にはむしろ「マンネングサ(万年草)」「ベンケイソウ」と聞けばなじみがあるかもしれません。植物学的には「ベンケイソウ科」に属し、その多くは山岳地や海岸地の岩上などのわずかな土壌に根を張り生育しています。

多肉植物で乾燥に強く、繁殖力が大きいため切れた茎を放置しても容易に活着します。多くの種類は、春から秋は緑色を、冬は赤から褐色を呈し、初夏に茎の頂に黄色の小花をつけます。

また、セダム緑化では100％被覆することはありません。最繁期でも80％、冬季には30～40％程度の被覆率となります。繁茂しすぎると蒸れにより病気にかかりやすくなります。

セダムの種類

種類はかなりたくさんありますが、緑化用植物(主にグラウンドカバー)として実績があるのはメキシコマンネングサ、サカサマンネングサ、コーラルカーペット、ツルマンネングサ、タイトゴメなどです。

ベンケイソウ科に属するセダムは、世界に400種以上、日本にもタイトゴメやモリムラマンネングサなどのセダムが30種以上存在するといわれています。南はアフリカ中部・マダガスカル諸島から北は北欧・グリーンランドに至るまで、日本および東アジア地域では南は沖縄から北は北海道・朝鮮半島などと、広範囲にわたって分布しており、原産・分布地域に応じてその環境に根差し、温暖地系あるいは寒冷地系と様々な特性を持った品種に分類されます。

温暖地系と寒冷地系品種

　日本は地理的に南北に長いため、その地域環境に応じた品種が分布・自生しています。温暖地系品種は南方に、寒冷地系品種は北方にと分けることができます。大まかには関東以西では温暖地系、東北以北では寒冷地系品種が優勢に生育し、屋上緑化などでは地域特性に見合った品種を優先的に採用するとその環境に適応するセダム緑化を実現することにつながります。したがって温暖地系品種を北海道・東北地方で、寒冷地系品種を沖縄地方などで生育させるのは、自然の理に反するので不可能です。

表1　緑化によく使用されるセダムの特徴

種類	特徴
メキシコマンネングサ	メキシコ。本州～九州に見られる。葉は夏には鮮やかな緑色で冬は衰退。常緑。草丈15cm
モリムラマンネングサ	日本に自生のメノマンネングサの変種。本州～九州。常緑。冬はオレンジに紅葉。草丈5cm前後
タイトゴメ	関東以西、本州～奄美にかけて自生。常緑。葉は緑からオレンジそして赤に変化。草丈10cm前後
ツルマンネングサ	本州～北海道。春から夏、地上を這い、生長力旺盛、冬季は落葉。草丈15cm前後
コーラルカーペット	ヨーロッパ～シベリア、モンゴルが原産地。耐寒性あり。葉は紅葉。草丈10cm前後
サカサマンネングサ	ヨーロッパ中部～ノルウェーなどに分布。青色の色合いが特徴
マルバマンネングサ	本州から九州の山地の岩場に自生。耐寒性あり。比較的明るい半日陰地を好む
オノマンネングサ	日本の低山地に自生。古くから石垣に植栽される。耐寒性あり。淡黄緑色の葉で常緑。草丈15cm前後
キリンソウ	日本～シベリア。耐寒性あり。冬季は落葉。草丈25cm前後

写真1　メキシコマンネングサ（左が夏季、右が冬季）

写真2　コーラルカーペット（左が夏季、右が冬季）

Q.34 常緑キリンソウとはどのような植物か。

A. 従来のキリンソウの特徴を兼ね備えた常緑の植物。

常緑キリンソウとは

　在来のキリンソウはベンケイソウ科キリンソウ属で冬季に落葉する多年草の植物です。草丈は25cm前後で夏に黄色の花を咲かせます。一方、常緑キリンソウ*1は在来のキリンソウを品種改良して、冬季も緑が保てる常緑性の多年草の植物です。ただし、冬には葉の色が赤みを帯びます。

　「常緑キリンソウ」はC3型(昼間に気孔を開いてCO_2を取り入れ光合成を行う)とCAM型(夜間に気孔を開いて蒸散、昼間は気孔を閉じたまま光合成を行う)*2の2種類の光合成を使い分けることで水分調整するハイブリッドな植物です。水分が十分にある状態であれば、C3型による光合成を行うため、蒸散効果による高い冷却効果を得ることができます。逆に水分不足の状態が続くとCAM型による光合成を行い、植物体からの水分の蒸散を防ぎます。このような、環境に応じて2種類の光合成(C3型/CAM型)を使い分ける植物を〈誘導型CAM植物〉と呼びます。

　〈誘導型CAM植物〉である「常緑キリンソウ」は、暑さ・寒さ・乾燥・過湿に強く、蒸散作用による冷却効果も他のセダムより見込めます。これらの特徴はヒートアイランド現象の緩和を考慮した緑化植物として注目されています。

常緑キリンソウを使用した屋上緑化工法

　常緑キリンソウを使用した屋上緑化工法には、一般のセダム緑化工法に常緑キリンソウを使用した工法、50cm×50cmで厚さ4cmの袋に土壌を挿入したものを植栽基盤とした工法、薄層緑化工法に常緑キリンソウを使用した工法などいろいろあります。

　常緑キリンソウは、耐寒性はありますが耐陰性はありません。また、農林水産省登録品種なので他のセダムより高価です。維持管理方法は基本的に他のセダム類と同じです。

写真1　常緑キリンソウ（冬）

写真2　従来のキリンソウ（冬）

写真3　施工事例（施工約1年後）

写真4　積雪地での生育状況

写真5　学校の屋上緑化例

写真6　折板屋根の緑化例

注　*1 この常緑キリンソウは種苗登録品種であり、種苗法により品種登録者の許可なく営利目的とした増殖および販売は禁止されている。違反すると処罰の対象となるため取扱いに十分留意する。／*2 植物は光合成を行いCO_2を固定させる仕組みの違いによって、C3植物（木本植物のほとんどやイネ、コムギなど）とC4植物（トウモロコシ、アワ、ヒエ、キビなど）に分けることができる。CAMというのはベンケイソウ型有機酸代謝（Crassulacean acid metabolism）の略称で、ベンケイソウ科のすべてのほか、サボテン、ランなどがある。

【常緑キリンソウ】

Q.35 セダム緑化とはどのような緑化か。また、どのような工法があるのか。

A. ローメンテナンス、ローコストの軽量薄層緑化工法で、植え付けの違いによって様々な工法がある。

ドイツで生まれたセダム屋上緑化

　セダムを使用した屋上緑化はドイツで最初に生まれました。ドイツでは屋上緑化をエクステンシブ(粗放型、環境型)とインテンシブ(管理型)の2種類に分けています。エクステンシブ型の緑化では乾燥に強い多肉植物のベンケイソウ科の一種であるセダム類で屋根を覆う緑化が多く採用されています。セダム類は乾燥に強く、薄い土壌で生育でき軽量で風に強い緑化ができることから、セダム緑化はローメンテナンス、ローコストであり、雨水の流失抑制効果、環境改善効果のある軽量薄層緑化として位置付けされています。

5つのセダム緑化工法

① **茎葉蒔き工法**――葉や茎を2～3cmに切ったものを蒔く、ヨーロッパで主流の緑化方法。最もローコストで2～3年かけてゆっくりと緑化します。

② **ポット植工法**――約9cmのポットを植え込む緑化工法で、植物の選択範囲が広く、意匠性の自由度が高い工法です。

③ **プラグ蒔き工法**――根の生えた茎葉を用い、プラグを植える緑化方法で、茎葉蒔きより安定した活着ができます。ローコストな工法で緑化に1～2年かかります。

④ **マット工法**――農場であらかじめセダムを成育させたマットを使った工法で、曲面などへの施工性が高いものです。ただし環境負荷を与えて強いセダムがつくりづらい、運搬が難しいなどの問題点があります。

⑤ **ユニット工法**――農場であらかじめセダムを成育させたプラスチックの器(ユニット)を敷きならべて固定する工法。強いセダムをつくることができる、運搬がしやすい、施工が速いなどの特徴があります。

写真1　茎葉蒔き

写真2　2週間後の発根状態

写真3　セダムプラグ

写真4　プラグ蒔き

写真5　セダムマットの設置

写真6　マットの固定

写真7　セダムユニット

写真8　セダムユニット固定

【セダム緑化】

Q.36 セダム工法以外にも薄型で軽量な工法にはどんなものがあるのか。

A. シバやコケなどを使用した軽量な薄層緑化工法がある。

薄層緑化工法

　非常に薄型で軽量な緑化システムは薄層緑化工法と呼ばれ、荷重条件が厳しい建物のために維持管理の容易な緑化を行う目的で開発されました。植栽基盤の厚さは10cm以内で、重さは60kg/㎡前後です。薄層緑化工法には乾燥に強いセダム類を使用した緑化以外に、シバやコケなどを使用した工法があります。

　シバを使用したシステムには、【表1】のような各種の工法が開発されています。基本的には自動灌水装置が必要です。

　コケを使用した薄層緑化工法では、基盤には不織布やパレット、ミズゴケなどを使用し、乾燥と日当たりに強いスナゴケなどのコケを接着したタイプのものなどがあります。重さは湿潤時で約20kg/㎡前後です。

セダム緑化との違い

　芝生の薄層緑化は、水分や基盤の厚さなどからセダム緑化と比べて環境改善効果が高い結果が出ています。維持管理から見ますと、セダムは水遣り管理はほとんど必要としませんが、シバは定期的な灌水を必要とします。また、芝刈りなどの維

表1　各種薄層緑化工法

ユニットタイプ (底水型スクエアーターフ)	防水層に影響を与えない、水分センサー型自動灌水連動の簡易な緑化システム。灌水、保水、排水を兼ねたトレーとリサイクル資材使用の植栽基盤コンテナから成る。厚さ75mm
マットタイプ(FD-TS工法)	二重構造の保水性マットと保水排水パネル一体型の基盤と軽量土壌を使用した軽量な緑化システム。軽量土壌の厚さで各種の植物の植栽が可能。基盤の厚さ40mm前後
マットタイプ(TM9ターフマット工法)	15mmの保水性マットと35mmの排水材一体型の基盤と改良シバ(TM9)を組み合わせた軽量なシステム。芝込みで厚さ約75mm
嵩上げパレット式 (R-パレットシステム)	格子状の軽量な発泡材の基盤と軽量土壌とマルチングを使用し、各種の地被植物の植栽を考慮したシステム。厚さ約125mm
ブロックタイプ(ユニットグリーン)	完熟バーク堆肥と焼成土壌などを使用したブロック状の基盤を使用した保水性の高い簡易なシステム。厚さ約70mm

持管理が必要となります。しかしながら、薄層緑化工法ではシバ以外でもマツバギクやタマリュウ、わい性ローズマリーなども植えることが可能です。

写真1　タマリュウを植栽した薄層緑化

写真2　底水型スクエアーターフ

写真3　FD-TS工法

写真4　TM9ターフマット工法

写真5　R-パレットシステム

写真6　ユニットグリーン

Q.37 セダム緑化工法や薄層緑化工法での留意点は。

A. 軽量なので基盤が飛ばないよう十分な風対策をする必要がある。

風対策

　薄層緑化は、荷重条件が厳しい既存の屋上などのために開発された、植栽基盤厚が10cm以下と薄く、40〜60kg/㎡前後と非常に軽い緑化工法です。置いただけでは風が強い屋上では基盤ごと飛ばされる危険性が非常に高いので注意する必要があります。

　各種のセダム緑化工法、薄層緑化工法が開発されていますが、植栽基盤が飛ばないような構造や工夫されたものを選ぶことが重要です。必要によってはステンレスワイヤーとネットをかけて飛ばないようにします。

　耐根シートは床に接着し飛ばないものを使用してください。マルチングも火山砂利や人工軽量骨材を使用するか、さらに重いレンガ砕石、ゼオライトなど重いものを使用してください。

表1　風対策の設計での留意点

・屋上の角部・端部は風力が強くなることを考慮して設計する
・高層棟直下にある低層棟の屋上ではビル風の影響を考慮する
・風荷重に見合う固定を行う(自重、アンカー、ワイヤー、接着工法など)
・緑地基盤の端部から基盤下部に風が入り込まない構造とする
・超高層建築など、必要な場合は、防風フェンスなどで防風対策を行う
・万が一風で飛んだ場合、飛散防止ネットなどで外部に飛散しない工夫をする

灌水設備の設置

　シバや地被植物を使用した薄層緑化工法は基本的には自動灌水が必要です。セダム緑化の場合は特に自動灌水を必要としませんが、夏季などに灌水ができるように必ず散水栓は設置してください。底面灌水型の場合、外部の温度上昇にともない水温が上昇することがあり、夏場は水温上昇を防ぐために水を入れ替えることが必要となることがあります。

薄層緑化工法の芝生利用での注意点

　薄層緑化工法の芝生は、植栽基盤が薄い上、自動灌水設備を設置してある関係でいつも湿っている感じの芝生になります。普通の芝生のように芝生に直に座ると洋服が濡れることがあります。

写真1　風対策のある薄層緑化（FD-TS工法）

写真2　固定された排水パネルとマット

写真3　全面接着の耐根シート張り

写真4　緑化コンテナの固定とネット張り

写真5　飛散防止用ネットとSUSワイヤー

写真6　活着までの間の防鳥ネットの設置

Q.38 メダカやヤゴなどの生物が棲むような池づくりのポイントは。

A. 水草を植える。また、水の循環設備は必ず設置する。

屋上に池をつくる上での注意点

池の深さは15〜20cmの深さでも可能ですが、夏季の水温の上昇を防ぐために、水草である程度水面を覆うとか、噴水や滝などを設ける必要があります。一般的には30cm前後の深さの池が多いようです。また、池をつくる上では、水の腐れ防止と酸素の供給のために、水の循環設備は必ず設置することが重要です。

表1 屋上の池をつくる上での注意点

設備	水循環設備(電源、給水、水中ポンプ、吐出口)のほか、水位センサー、補給水管、オーバーフロー管、配水管などの設備が必要
ろ過装置	池底を砂利や砂敷きにすると、砂利や砂に棲む微生物による浄化によりろ過装置は基本的には不要。ただし、アオコとは違う、メダカなどの餌となる緑藻類が発生する。発生した緑藻類は定期的に除去するのが望ましい。殺藻剤は使用しない
護岸	護岸は水草や水辺植物が生える植生護岸や自然石護岸などが望ましい
池底	池底は砂利・砂敷きや吸着能力のあるゼオライト敷きとし、水草部分は荒木田土または細かい赤玉土などを使用することが望ましい
水辺	水辺には水草や日陰となる低木などを植える
水草	在来種の中から選ぶことが望ましい
生物の放流	コイやザリガニなどはヤゴを食べてしまうので池には放流しない

写真1 屋上ビオトープの池

写真2 プールのコンテナによるビオトープ化

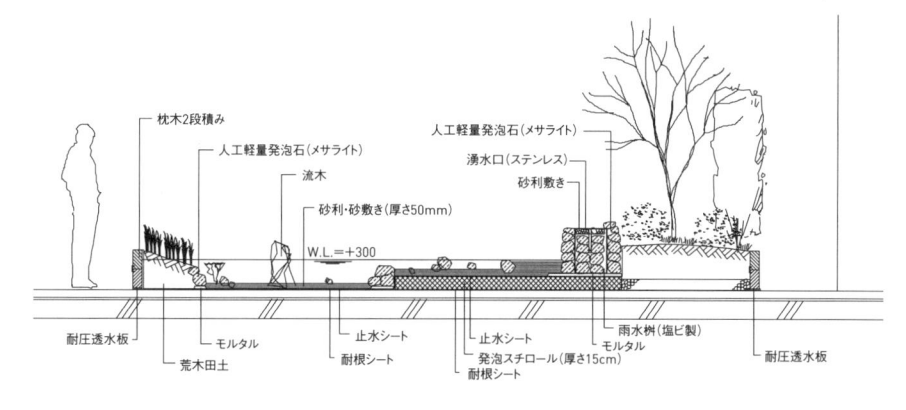

図1　深さ20cmの池の断面例

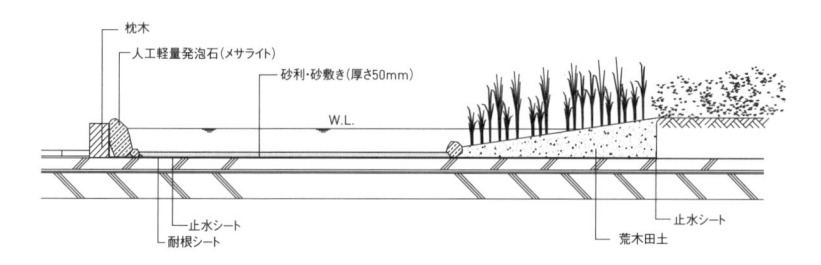

図2　深さ30cmの池の断面例

写真3　深さ20cmのメダカ池

写真4　深さ30cmのメダカ池

【屋上のメダカ池】

Q.39 建物の積載荷重や、屋上に使用する資材の重さはどのくらいか。

A. 屋上に長期に載せられる荷重は地震力荷重に屋上の面積を掛けたもので、建物用途や屋上緑化の種類によって異なる。

建物の積載荷重

建築基準法で決められている積載荷重は【表1】の数値となります。また、屋上広場またはバルコニーは、一般的には住宅と同じ数値で、ただし、学校や百貨店の用途として使われる建築物では百貨店と同じ数値で設計されています。

屋上に長期に載せられる、全体積載可能な荷重は、地震力荷重に屋上の面積を掛けたものとなります。例えば、100㎡の住宅の屋上では60×100＝6,000kgが全体積載可能な重量で、これ以下にする必要があります*1。また部分的には、積載可能な重量を180kg/㎡前後を基準にして床材や土留め材を計画・設計する必要があります【表2】。

資材の重さ

屋上に使用する主な資材の重さは【表3】のとおりで、自然土壌（黒土）で10cmでも170kg/㎡前後の重さになります。10cmでは普通の植物の栽培は難しく、管理がたいへんです。軽量で保水性の高い軽量土壌や各種の軽量な排水資材などの開発により屋上緑化が可能になりました。土壌や排水資材の重さは湿潤状態での重さで計算してください。レベル差があるような場所では軽量化のために発泡スチロールなどの嵩上げ材などを使用して荷重の負担を少なくするなどの方法をとります。

また、資材とともに樹木の重さにも考慮する必要があります【表4】。樹木は生長することを考えて計画することが重要です。ケヤキやクスノキなどの大きくなる樹木は伐採などの処置をする必要が生じます。

注 *1 本書では数値の単位をSI単位系に統一しているが、本項では積載荷重を理解しやすいよう旧来の単位のままにした（1kgf≒9.8N）。なお、表1をSI単位系で表記したものはQ.19を参照のこと。
参考文献 （財）都市緑化技術開発機構・特殊緑化共同研究会編『新・緑空間デザイン技術マニュアル（特殊空間緑化シリーズ2）』（誠文堂新光社、1996）／屋上開発研究会『屋上・ベランダガーデニングべからず集──これだけは知っておきたい緑化住宅の知識』（創樹社、2000）

表1　積載荷重（建築基準法施行令第85条）

対象	住宅	百貨店など	事務所
床板	1,800N/m² (180kgf/m²)	3,000N/m² (300kgf/m²)	3,000N/m² (300kgf/m²)
大梁、柱、基礎	1,300N/m² (130kgf/m²)	2,400N/m² (240kgf/m²)	1,800N/m² (180kgf/m²)
地震力荷重	600N/m² (60kgf/m²)	1,300N/m² (130kgf/m²)	800N/m² (80kgf/m²)

表2　積載荷重チェックシート（例）

資材	仕様・規格	重さ・比重	数量	重量(kg)	備考
土壌		比重×土壌厚	m²		
排水層		比重(重さ)×厚	m²		
土留め材		重さ	m		
植栽樹木	樹木	重さ	本数		
	灌木	重さ	m²		
	草花	重さ	m²		
	芝生	重さ	m²		
床材		比重(重さ)×厚	m²		
施設	池	池の深さ	m²		
	パーゴラ	重さ	基		
	その他	重さ	基		
設備機器		重さ			
その他		重さ			
総重量				kg	
基準重量		地震力荷重×屋上緑化対象面積＝		kg	

表3　屋上に使用する主な資材の比重

資材の種類	比重(約)
自然土壌	1.6〜1.8
改良土壌	1.1〜1.3
軽量土壌	0.6〜1.0
黒曜石パーライト	0.2
真珠石パーライト（湿潤時）	0.6
ピートモス（湿潤時）	0.8
火山砂利	0.8〜1.0
砂利、砂	1.7〜2.1
デッキ材	0.9
レンガ	2
コンクリート	2.3
御影石	2.8

表4　樹木の重さ（例）

種類	およその重さ
芝生	18kg/m² 前後
地被植物密植	25kg/m² 前後
低木（樹高30cm）	2kg/本 前後
中木（樹高2m）	30kg/本 前後
高木（樹高3m）	50kg/本 前後
高木（樹高4m）	200kg/本 前後

Q.40 屋上緑化に使用する土壌を選ぶ基準や必要な土壌の厚さは。

A. 自然土壌、改良土壌、軽量土壌があり、積載荷重条件を考慮して適切な土壌や、植える植物の大きさと種類を決めることが重要。

屋上に使用する土壌

屋上緑化に使用する土壌には、黒土などの良質な自然土壌と、パーライト*1やピートモス*2などの軽量な土壌改良材を自然土壌に混入して軽量化した改良土壌、自然土壌を含まない軽量で保水性の高い資材(真珠岩パーライトなど)を主成分とした軽量土壌があります。人が出られるような一般的な屋上やベランダ、バルコニーの場合、積載荷重条件は150〜180kgf/㎡(1,500〜1,800N/㎡)程度です。比重1.6〜1.8の黒土などの土壌を20cm客土した場合、約320kgf/㎡(3,100N/㎡)以上の積載荷重となるため、植栽基盤の軽量化を図ることが必要です。そのために改良土壌や軽量土壌が開発されました。主な違いは重さ(比重)です【表1】。

改良土壌

改良土壌は良質土にパーライトとピートモスまたはバーク堆肥*3を容積比7:2:1、5:4:1や、黒土と真珠岩パーライトを7:3、マサ土と真珠岩パーライトを5:5の割合などで混合、軽量化した土壌です。

軽量土壌

軽量土壌には、成分から分類すると無機質系人工軽量土壌、有機質混合人工軽量土壌、有機質系人工軽量土壌があります。有機質系人工軽量土壌の場合、有機質が分解することにより窒素不足と地盤沈下の恐れが生じるため、一般的には無機質系人工軽量土壌または有機質混合人工軽量土壌が適します。また、リサイクル資材を使用した軽量土壌が開発されていますが、有害物質などを含まない、製品の保証されたものを使用することが大事です。

植物と植栽基盤の厚さと荷重

植物を育成させるための土壌の厚さは、植え付け時の植物の形状寸法と種類お

よび土壌の組成により異なるので、積載荷重条件を考慮して、適切な土壌と植える植物の大きさと種類を決めることが重要です。

表1 屋上緑化に使用する土壌比較

項目	自然土壌	改良土壌	軽量土壌
比重	1.6～1.8前後	1.1～1.3前後	0.6～1.0前後
排水層	一般的にパーライトまたは火山砂利		一般的にパーライト
樹木の支持	一般的な丸太や竹などの支柱の使用が可能		樹木地下支柱など
マルチング	乾燥防止や雑草防止を目的で行う		土壌飛散防止、乾燥防止、景観などの目的で行う
施工性	施工性は悪い。重いため運搬や荷揚げが困難。泥の汚れ防止のための十分な養生が必要	施工性は悪い。一般的に現地で混合を行うために、運搬以外に混合の手間がかかる	施工性は良い。汚れの心配が少ない。雨天でも施工可能。軽量で運搬や荷揚げが容易であるが、風で飛散しやすい
建設費	材料単価は安いが、構造施工費などのコストがかかる	材料単価は安いが、自然土壌の改良材と混合費用がかかる	材料単価は高いが、構造や施工費が安い
適用	屋上菜園、駐車場の上などのような大規模で管理の容易な人工地盤など	一般的な荷重条件が考慮された屋上緑化、庭園など	荷重条件が厳しい屋上緑化、既存建物の屋上緑化、ベランダガーデンなど

表2 植物と植栽基盤の厚さおよび荷重計算例

工法	植栽基盤	草花・ハーブ類	灌木類	中木(2m前後)	高木(4m前後)
自然土壌工法	自然土壌(cm)	25	35	45	60
	排水層(cm)	8	12	15	20
	重量(kg/㎡)	448	632	810	1,032
改良土壌工法	改良土壌(cm)	20	30	35	45
	排水層(cm)	7	10	12	15
	重量(kg/㎡)	302	450	527	675
軽量土壌工法	マルチング(cm)	2	2	2	2
	軽量土壌(cm)	15	20	30	40
	排水層(cm)	5	7	10	13
	重量(kg/㎡)	178	232	335	438
軽量土壌工法(排水パネル使用)	マルチング(cm)	2	2	2	2
	軽量土壌(cm)	15	20	30	40
	排水パネル(cm)	3	3	3	3
	重量(kg/㎡)	153	195	280	365

(注)自然土壌の比重:1.6、改良土壌の比重:1.3、軽量土壌の比重:0.85、排水層の比重:0.6、排水パネル:5kg/㎡、マルチングの比重:1.0として計算。土壌の厚さは植える植物の根鉢の大きさにより変わる

用語説明　*1　パーライト……真珠岩パーライトは通気性、透水性、保水性にすぐれ、マサ土の改良や人工軽量土壌の基盤材として使われる。黒曜石パーライトは通気性、透水性にすぐれ、土壌の通気性の向上や排水層などの資材に使われる／*2　ピートモス……ミズゴケなどが湿地などで堆積し、変質したもの。泥炭の一種／*3　バーク堆肥……粉砕した樹皮に鶏糞や窒素肥料を添加して、長期間堆積発酵させた堆肥。土壌の団粒化などに効果がある。品質にバラツキがあるので注意する

Q.41 排水層の目的と使用する材料や断面構造は。

A. 排水層は余分な雨水を速やかに排水させて根腐れを防止するために設置するもので、構造は土壌などにより異なる。

排水層の目的

余分な雨水を速やかに排出させて根腐れを防止するため、土壌の下に排水層を設けます。屋上では、下からの水分供給がないので、雨水をある程度貯留しながら、余分な雨水を排出するものが望ましいことになります。現在、保水と排水機能を持った各種の保水排水パネルが開発されています。また、排水層に使用する資材には【表1】のようなものがあります。

透水シート

透水シートは、自然土壌や改良土壌を使った場合などで、排水層と土壌の間に土壌による排水層の目詰まり防止のために敷設します。しかしながら、黒曜石パーライトを排水層とした軽量土壌工法など通気性のある植栽基盤では、植物の生育に必要な有効土壌厚を確保するために透水シートを敷設しないこともあります。また、水抜き穴周辺や排水桝周辺などでは、土壌の流出防止のために黒曜石パーライト詰管や立体網状体を設ける必要があります。

表1　排水資材の種類と特徴

排水資材の種類	特徴
黒曜石パーライト	非常に軽量で通気性が高い。一般的な屋上緑化によく使われるが、踏まれると潰れるので注意する
真珠岩系パーライト	軽量で通気性と保水性が高い。特殊な軽量土壌工法（アクアソイル工法など）に使用される
火山砂利	軽量で通気性が高い。人工地盤など土壌厚がある場所などに使用される
廃ガラスの発泡材	リサイクル資材で比重が約0.45と軽量で通気性が高い。潰れないので排水材のほか、嵩上げ材などにも使用
人工発泡石（メサライト）	リサイクル資材で、比重1.0前後と軽いが、潰れない。人工地盤などの大規模な植栽基盤などに使われる
保水排水パネル	各種の保水排水パネルがあり、一般的な屋上緑化や屋上菜園などによく使われている

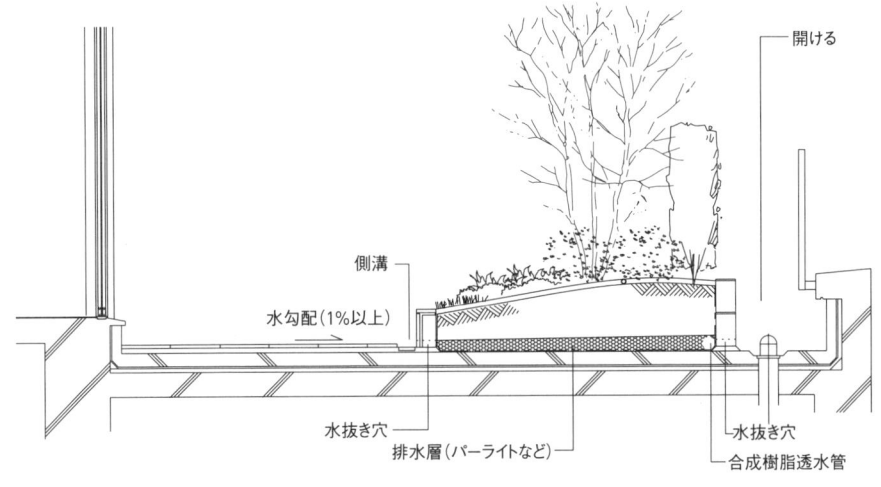

図1　一般的な屋上の雨水排水断面例

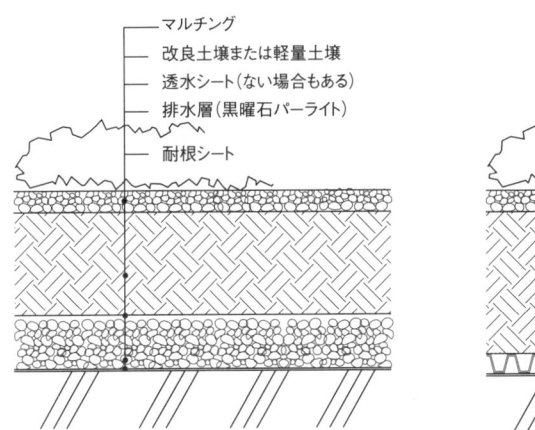

図2　標準的な植栽基盤断面構造例

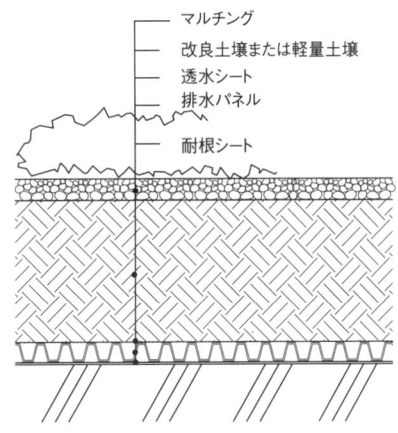

図3　保水排水パネルを使用した断面構造例

写真1　排水層（パーライト）

写真2　保水排水パネル

【排水層・排水資材】

Q.42 屋上緑化で使われる嵩上げ材とは何か。使うときの留意点は。

A. 単調になりがちな緑化空間を効果的にデザインするために用いるが、劣化や飛散防止に努めること。

嵩上げ材の使用目的と材料

建物の屋上は、積載できる重さに制限があります。あらかじめ、屋上に緑化のデザインが計画・設計されている場合は問題ありませんが、既存建物などのように積載できる荷重が小さい場合は、デザインが単調になりがちです。荷重の制限内において効果的な緑化空間を創造するために、嵩上げ材として発泡スチロールが広く使用されています。また、空間の間詰め材として使われることもあります【写真1、2】。

発泡スチロールの使い方

発泡スチロールの嵩上げ材としての使い方は【図1】のように施工基面に耐根シートを敷き、その上に排水機能付ブロック、排水マット、フィルター、土壌の順に敷設します。浮力対策ブロックを使用する場合、その下の部分には排水マットを入れません。また、現場合わせが必要な場合、ニクロム線カッターにて音もほこりも出ることなく簡単にカットできます。【写真3、4】に施工例を示します。

火気に接すると燃えます。したがって、輸送、保管、施工などの際には火気に十分注意してください。直射日光に長時間暴露されると、強度にはほとんど影響はありませんが表面の変色劣化が生じます。直射日光を避けて保存してください。

風による飛散防止のため、ロープやネットなどで養生してください。

表1 嵩上げ材料用発泡スチロール規格

	単位	排水機能付ブロック(底盤用)		排水機能付ブロック	
材質	―	発泡スチロール		発泡スチロール	
寸法	mm	1,000×1,000×250		1,000×1,000×500	
単位体積重量	kg/m³	16	20	12	16
単位体積浮力	t/m³	0.4	34	1.0	1.0
単位体積排水空隙	ℓ/m³	600	600	20	20
許容圧縮応力	t/m²	3.5	5.0	2.0	3.5

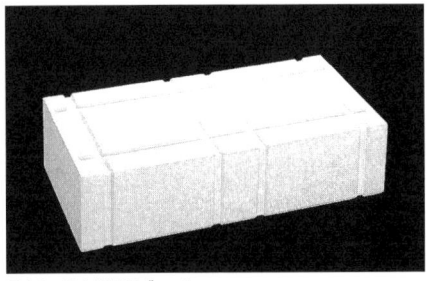

写真1　排水機能付ブロック

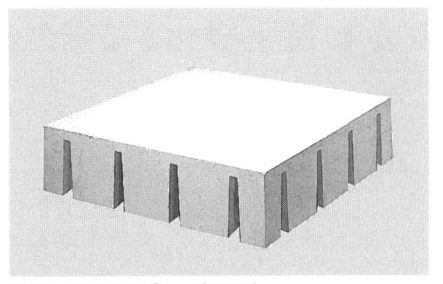

写真2　排水機能付ブロック(底盤用)

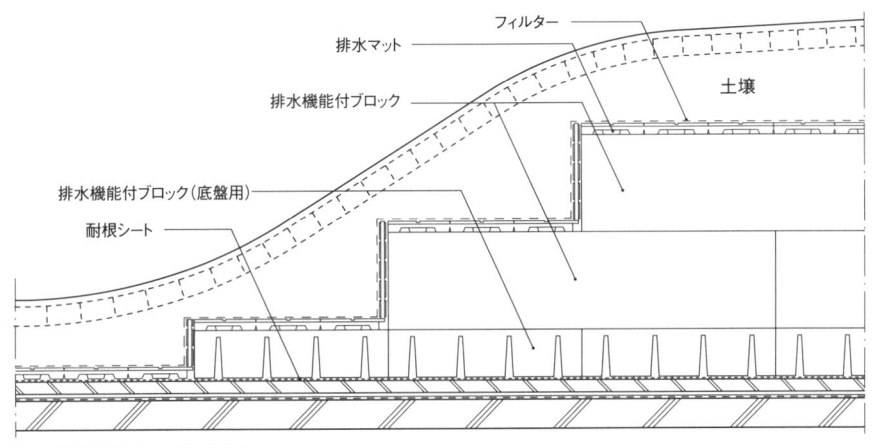

図1　排水機能付ブロック施工断面図

（ラベル：フィルター、排水マット、排水機能付ブロック、土壌、排水機能付ブロック(底盤用)、耐根シート）

写真3　施工中のブロック

写真4　施工中のブロック

Q.43 屋上緑化する際の漏水防止対策の留意点は。

A. 雨水を速やかに屋外に排出する計画や施工を行う。

屋上緑化する際の漏水防止対策の留意点

漏水クレームの7割は設計段階で回避できます。屋上は、雨水を滞留させずに屋外に排出することが基本です。屋上に緑化を行っても同じで、植物に必要な雨水以外を速やかに排出する方法を検討する必要があります。また、屋上緑化は、土壌の飛散、流出、落ち葉など排水阻害を引き起こす要因が多数あるため、設計段階では速やかな排出計画、緑化部の納まり検討、緑化に適した防水層、耐根層の選択が重要となります。また、施工段階では防水層保護対策、維持管理時では排水ドレンの目詰まり防止と植替え時の防水層保護に留意する必要があります。

漏水防止と雨水排出上の留意点

① スラブの水勾配を1/100以上とり、雨水を排出させる。
② 屋上から屋外へ排出するルーフドレンはメンテナンス通路を考慮し、いつでもメンテナンスできるような設計を行う。また、安全確保のため複数のルーフドレンを設置するか、オーバーフロー管を設置して危険負担を分散させることも大切である。
③ 植込み内にルーフドレンを設置する場合には、点検可能な桝を必ず設ける。また、桝周り、パラペット周りなどの植栽端部には透水板やパーライト透水管などを敷設して空隙をつくり、速やかな排水を心がける。
④ 壁面の雨水を考慮した排水計画を立てる。大きな壁面に接した屋上は、風向きにより壁面の雨水が短時間に大量に流れ込むことがある。
⑤ パラペットなどに土壌が接する場合、防水層の張り仕舞い（パラペットのアゴ下）から150mm以上下げる。また、ペントハウスや室内に接する部位は植栽を控え、雨水の浸入を防ぐ対策を行う。
⑥ 余剰水の排出のために、土壌層下部全面に排水性、保水性、通気性を持たせた板状保水排水パネル（Gウェイブ、グリーンルーフなど）を設置する。または、線状排水（暗渠排水）として合成樹脂透水管や耐圧透水板を排水管として、水下から水上、パラペットや壁面周辺に設置して、ルーフドレンへ余剰水を導く。

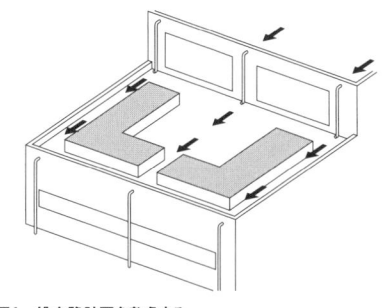

図1　排水路計画を考慮する

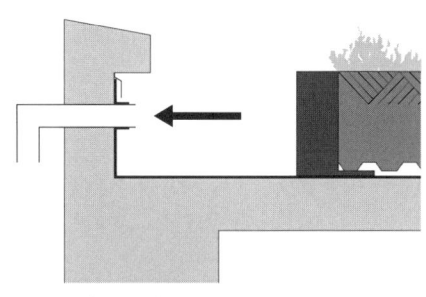

図2　オーバーフロー管の設置

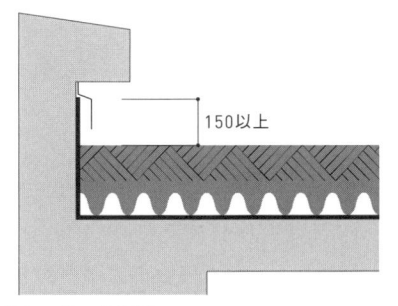

図3　パラペット納まり

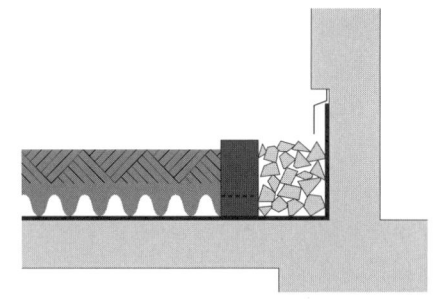

図4　壁面取り合い

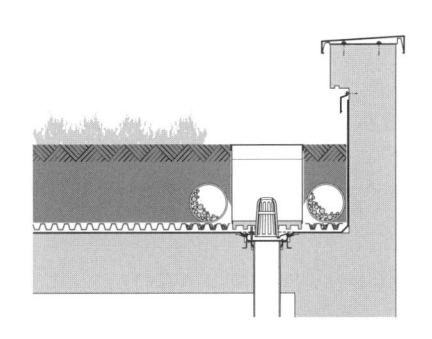

図5　ルーフドレンカバー

図6　保水排水パネルの設置

3　屋上緑化の設計

【漏水防止対策】

Q.44 屋上緑化に適した防水層とは何か。

A. アスファルト防水、合成高分子シート防水、塗膜防水などがあるので、面積・場所などにより使い分ける。

防水層の種類

　防水層にはアスファルト防水、合成高分子系シート防水、塗膜防水(これらをメンブレン防水と呼ぶ)など用途に応じた防水材があります。また、防水仕様においても、公共建築工事標準仕様書(国土交通省仕様)、日本建築学会仕様、各防水組合仕様、防水メーカー仕様、工法などがあります。

　建物の屋上で、耐久性、安全性を確保する保護コンクリート仕上げの場合はアスファルト防水を、屋上が非歩行の場合は露出防水で、ゴムシート防水、アスファルト露出防水を、軽歩行可能な屋上、ベランダ、バルコニーなどはウレタン防水や塩ビシート防水、FRP防水などの露出防水を採用します。防水層は、耐久性・用途・面積・場所・工期・費用などを考慮して使い分けています。

緑化に適した防水層

　防水層は材質、工法、仕様によって性能が異なります。緑化を行うことにより、防水層の改修が難しくなるため、防水機能以外に、耐久性(寿命の長さ)、耐根性(防水層を植物の根から守る)、耐荷重性、耐薬品性、補修改修性(リフォーム性)、耐下地亀裂追従性、耐腐食性などの性能が求められます。

　防水層の平均耐用年数は、旧建設省『建物の耐久性向上技術の開発資料』により提案されましたが、近年1,000件以上の事例データに基づいた分析が建築研究所によって実施されました。その結果、防水層の平均耐用年数は、ISOのリファレンスサービスライフ(概ね漏水などの危険性のない供用年数と考えることができる)が示す値に修正されました【表2】。すなわち防水層の種類によらず、保護防水で20年、露出防水で15年のリファレンスサービスライフが提案されました。

　建物の寿命を100年とすると、屋上緑化は、防水改修が難しくなり、また、植物の移設などによって改修費用が大幅に増加します。屋上緑化を行う場合は耐久性、安全性の高い防水仕様を選択することをおすすめします。

　緑化に適した防水層の耐久性の目安は、セダムなどの薄層緑化や芝生など次回

の防水改修が容易にできる緑化の場合は20年程度の耐久性を持つ防水層を選択すること、庭園や菜園、ビオトープなど改修が困難な緑化の場合は60年程度の高耐久性防水層なども開発されており、選択肢の1つです。

表1 防水層の分類と特徴

分類	特徴
アスファルト防水	現場にアスファルト溶解釜を持ち込み、250℃程度で溶解した溶融アスファルトで密着させて張る方法。施工時に煙と臭気が出るが信頼性が高い。保護コンクリートを使用するのが一般的。植物の根に対して抵抗性が乏しいので耐根シートを施工する【→Q.45】
改質アスファルト防水	ゴムもしくは樹脂を混合させ、材質を改良した改質アスファルトを使用したもので、トーチ工法、熱工法など各種の施工法がある。施工時に煙と臭気が少ない
シート防水	下地にプライマーを塗り、接着剤を使って防水シート(合成ゴム・加硫ゴム・塩ビなど合成樹脂系など)を張り付けていく工法。改修工事などに使用する。ゴムシート防水は露出防水として利用されており、緑化の荷重で防水層破断の危険性がある。また、根に対する抵抗性が乏しいため、基本的には緑化は避けたい。どうしても緑化を行う場合は、保護シートなどで防水層を傷つけないように配慮して、移動可能なコンテナ緑化程度とする
塗膜防水	下地にプライマーを塗り、液状の防水材を刷毛などで数回塗り重ねた工法。ウレタンゴム系、アクリルゴム系、ゴムアスファルト系、FRP系がある。外壁防水、改修工事などに使用。ウレタン防水層は雨水が滞留すると膨潤劣化を起こして防水機能を損なう危険性がある。また、根に対して抵抗性が乏しく損傷を受けやすいため、基本的には緑化は避けたい。どうしても緑化を行う場合は接着層つき防水耐根シートなどで防水、耐根対策を行い【→Q.45】、防水層を保護する必要がある。移動可能なコンテナ緑化が望ましい
モルタル防水	防水用混和剤を混ぜたモルタルをコンクリート表面に塗りつける工法。防水のグレードは低く、簡易防水箇所に使用する
FRP防水	主に液状の不飽和ポリエステル樹脂に硬化剤と促進剤を加え混練、ガラスマットなどの補強材と一緒に塗った工法。1~2時間で硬化
ステンレスシート防水	ステンレスの薄板を現場で溶接をして防水層を形成する工法。耐久性、耐凍害性が良好だが高価。勾配屋根などに使用する
複合防水	2つ以上の異なる防水材を複合させ、より防水機能を高めた工法。塗膜防水層の水密性とFRPの保護機能を複合させたFRP複合塗膜防水などがある

表2 メンブレン防水のリファレンスサービスライフ(案)

種類		リファレンスサービスライフ
アスファルト防水	保護防水	20年
	露出防水	15年
改質アスファルト防水	保護防水	20年
	露出防水	15年
合成高分子系シート防水	露出防水	15年
ウレタンゴム系塗膜防水	露出防水	15年
FRP系塗膜防水	露出防水	15年

参考文献　建設大臣官房技術調査室監修、(財)国土開発技術研究センター・建築物耐久性向上技術普及委員会編「建築防水の耐久性向上技術」『建築物の耐久性向上技術の開発』(1983)／『デザイナーのためのチェックリスト』(彰国社)／(独)建築研究所『建築物の長期使用に対応した材料・部材の品質確保ならびに維持保全の開発に関する検討委員会(外装分科会編)報告書』(2011)

Q.45 耐根層・耐根シートに必要な性能とは何か。

A. 防水層に根や地下茎が侵入しない性能が求められ、日本建築学会が規定する試験に合格した耐根シートを使用するのが望ましい。

耐根性能を評価する試験方法

一般に屋上緑化を安全に実施するためには、日本建築学会「建築工事標準仕様書・同解説JASS8防水工事」に規定されている「屋上緑化用メンブレン防水工法の耐根性試験方法(案)」(JASS 8 T-401)に準拠した試験を行い、合格した耐根シートを使用することになります。すなわち、要求される耐根性能としては、屋根表面の防水層に根や地下茎の侵入や貫通による損傷が認められないことです*1。

試験方法の概要

試験方法の概要は以下のとおりです。すなわち、評価する試験体は、屋上緑化用メンブレン防水工法試験体または耐根シートのいずれかです。これらを所定の容器に設置し、木本類と草本類を植栽して実験を開始します。木本類を用いる理由は、草本類に比較して根が顕著に肥大生長するためで、この肥大生長に対する抵抗性を評価します。一方草本類を用いる理由は、イネ科植物などの地下茎先端部の押し付け力が顕著に大きいためで、この押し付け力に対する抵抗性を評価します。木本類にはタブノキとヤシャブシ、草本類にはノシバとクマザサが選定されました。試験期間は温室などの良好な生育環境が期待できる施設内で実施する場合は2年とし、屋外で実施する場合は4年となっています。試験の評価に当たっては、植物の根が貫通した比較試験体と比較して、樹勢・根量に遜色のない成立要件を満たす試験体であることを確認して評価する必要があります。全試験体の防水層に根の侵入や貫通が認められない場合、試験に供したメンブレン防水システムまたは耐根シートに耐根性能があることが検証されたことになります【写真1】。

耐根シートの定義と種類

日本建築学会で取り扱う耐根シートとは、「防水層直上または防水保護層(押えコンクリート)上に敷設され、植物の根および地下茎から長期間にわたって防水層を保護できるシートのことをいう」と定義されています。耐根シートの素材は、各種試験の

実施により、ヤング係数、引張強度、伸び率などの機械的性質や各種耐久性が明らかなものを用います。耐根性を有するシートまたは基盤と称して現在使用されているものを【表1】に示します。外構工事など造園・土木における防根対策と、屋上緑化における耐根対策には大きな隔たりがあることから、建物屋上用にその使用が推奨できる耐根シートの仕様を以下のように定めています。すなわち現時点では、忌避剤などの化学薬品に依存しない不透水タイプの耐根シートを推奨しています。つまり根や地下茎が健全に生育し、それら根系が耐根シートの一般部や重ね合わせ部に侵入および貫通しないことを必須とした考え方です。

表1　市販されている耐根シートと称するものと耐根性能があるといわれている基盤の種類

シートの物理的性質	形状・外観	素材と製造方法		重ね合わせ部の有無・処理方法	適用できる可能性
不透水性	シートタイプ	塩化ビニル樹脂系（PVC系）		あり。熱溶着・溶剤溶着	○
		フィルム単層系（ポリエチレンフィルム）		あり。粘着テープ類	×
		フィルム積層系	ポリエステルフィルムと合成ゴム	あり。ゴムアスファルト粘着材	○
			ポリエチレンフィルムと発泡ポリエチレン	あり。アクリル防水テープ	○
	塗膜タイプ	ウレタン＋FRP複合		なし。ただし塗り継ぎ部あり	-
		ウレタン＋ポリウレア複合		なし。ただし塗り継ぎ部あり	-
透水性	シートタイプ	合成繊維織布	忌避剤なし	あり。特殊加工テープ類	-
		合成繊維不織布	忌避剤なし	あり。粘着テープ類	-
			忌避剤あり	あり。粘着テープ類	×
その他	パネル成形タイプ	パネル、トレー、パレット、ユニットと呼称されるプラスチック成形タイプの植栽基盤		パネル間の連結が必要。隙間が生じる	×
	マットタイプ	軽量ブロック工法、人工土壌マット工法など		マット間の連結が必要。隙間が生じる	×

(注1) ヨーロッパの製品で改質アスファルトルーフィングシートに忌避剤を混入させたものがあるようだが、日本での流通・使用がないので省略した
(注2) 適用できる可能性は、○が推奨するタイプで性能は試験により確認、-は性能を試験により確認、×は耐根シートの敷設が別途必要であることを示す
(注3) 忌避剤を使用したタイプは、環境負荷、植物の健全な生育への影響、枯損の可能性などを踏まえ、屋上緑化への適用を不可とした

木本用試験体―PET樹脂　　植栽完了―タブノキ・ヤシャブシ　　評価―木本根系貫通（不合格）

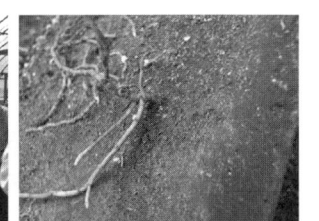

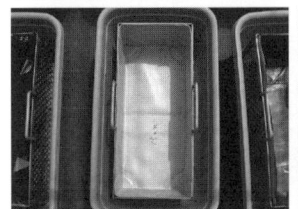

草本用試験体―塩ビシート　　植栽完了―ノシバ・クマザサ　　評価―ノシバ不貫通（合格）

写真1　耐根性試験方法

参考文献　＊1 田中享二・橘大介他「屋上緑化防水の耐根性試験方法の開発」『日本建築学会技術報告集』第14巻、第27号、pp.13-16（日本建築学会、2008）

Q.46 屋上や室内にタケ類を植栽する場合の留意点は。

A. 大型のタケ類(タケおよびササ)は、原則として屋上緑化などには使用しない。

大型タケ類を屋上緑化に使用することに対する警鐘

近年、大型のタケやササなどのタケ類を屋上や建物室内に利用するケースがよく見受けられるようになりました。一方、大型タケ類は、地下茎先端部の押し付け力が耐根性を評価する試験方法(日本建築学会建築工事標準仕様書JASS8 T-401)に規定されている指標植物(クマザサ、ノシバ)より大きくなり、防水層や耐根層に大きな損傷を与える可能性があるということが指摘されました。そこで現行のJASS8 T-401「屋上緑化用メンブレン防水工法の耐根性試験方法(案)」に合格した屋上緑化防水システムを用いて大型タケ類の植栽実験などを実施し、その使用の可否について検証しました*1。

基準を満たす耐根シートの大型タケ類に対する抵抗性検証

代表的な庭園竹であるダイミョウチク、ササの一種で、大型でかつ繁殖力が旺盛なメダケの2種類を使用して、耐根性試験を1年間実施しました。その結果、JASS8 T-401の試験に合格した耐根シートを用いた場合でも、わずか1年でタケ類地下茎が耐根シートを貫通する結果になりました【写真1、2】。すなわち大型タケ類を屋上緑化に使用した場合、建物の安全性を確保できない結果になりました。

なぜ大型タケ類は耐根シートを貫通するのか

大型タケ類が耐根シートを貫通する理由を究明するために、押し付け力測定装置を作製し、大型タケ類地下茎の押し付け力を測定しました【図1、写真3】。ダイミョウチクとメダケの測定結果は以下のようになりました。ダイミョウチクの地下茎押しつけ力は約21〜22N、メダケの地下茎押し付け力は約7〜13Nになりました【図2】。今回測定された地下茎押し付け力は、JASS8 T-401における指標植物であるクマザサ地下茎押し付け力の最大計測値9.8Nをはるかに上回る力になりました。すなわちこれら大型タケ類地下茎先端部の押し付け力は過大な値になり、基準を満たす耐根シートを貫通したものと考えられます。したがって大型タケ類は、屋上緑化

などに原則として使用しないということです。仮に大型タケ類を使用する場合では、実際に使用するタケ類に対する耐根性能を改めて検証する必要があると考えられます。

写真1　JASS8 T-401耐根性試験に合格した耐根シートを用いたタケ類植栽実験、ダイミョウチク地下茎の貫通

写真2　JASS8 T-401耐根性試験に合格した耐根シートを用いたタケ類植栽実験、メダケ地下茎の貫通

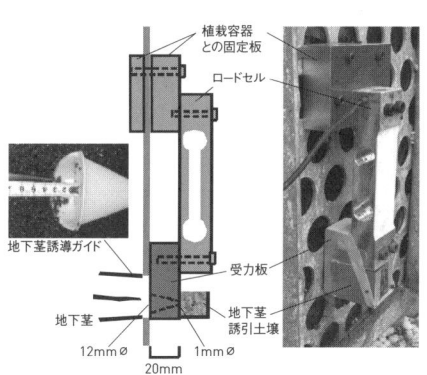

図1　押し付け力測定装置と取り付け状況

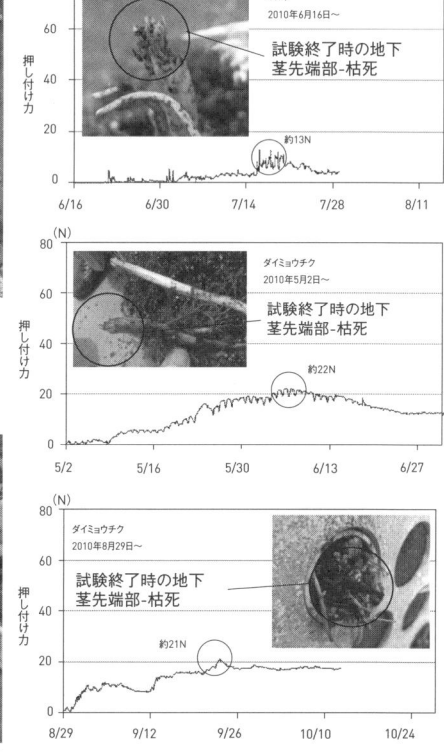

写真3　タケ類地下茎押し付け力試験（左＝ダイミョウチク試験体、右＝メダケ試験体）

図2　タケ類地下茎押し付け力測定結果

参考文献　＊1　橘大介・石原沙織他「屋上緑化防水の耐根性を考慮したタケ類地下茎の押し付け力測定」『日本建築学会大会学術講梗概集（関東）A-1』pp.35-36（日本建築学会、2011）

Q.47 既存屋上やバルコニーの防水層の種類を見分けるポイントは。

A. 目地やラップ（シートなどの重なり）、弾力性などから判断する。

防水層の見分け方

すでにできあがっている屋上では、押えコンクリートで仕上がっているもの、一般的な歩行ができない露出防水層で仕上がっているものなど、防水層の種類によってはそのままでは屋上緑化ができないこともあるので、屋上（やバルコニー）を見てどのような防水層が施工されているかを見極める必要があります。

仕上げがコンクリートで、3〜4m間隔でマス目状に10〜15mm程度の目地が切られていたら、防水層は見えなくても、コンクリートの下にアスファルト防水が施工されているとみてよいでしょう。また、直に防水層が見える場合は、【表1】を参考にその見分け方を確認してください。

表1 直に防水層が見える場合の防水層の見分け方

アスファルト防水	幅1mのアスファルトルーフィング（シート）を溶かしたアスファルトで密着する工程が2〜3回行われており、8〜10mmの厚さとなっている
	ルーフィングの重ね（ラップ）から接着用の黒褐色のアスファルトがはみ出している
	露出防水仕様では表面に厚さ2〜3mmの砂が全面に付着している
塩ビシート防水	厚さ1〜2mm、幅1mのカラーシート。表面に小さなパターン的な模様がある
	シートどうしのラップは約4cmで、溶剤や熱融着で接着され、シールされている
ゴムシート防水	厚さ0.8〜1.5mmのゴムシート。基本的に黒色で、銀色仕上げされている
	ラップは約10cmで、接着剤で接着。押すとゴム独特の弾性がある
ウレタン防水	厚さは2〜3mmで表面にトップコート塗装がされている。緑、赤茶、グレーなどのカラー仕上げが多い
	ラップがなく平滑に仕上がり、弾性がある
FRP防水	厚さは2mm程度。半透明な防水層で表面に耐候性を確保するためにトップコート塗装がされている
	ラップがなく平滑に仕上がり、硬質で弾性はない

写真1　アスファルト防水の施工

写真2　アスファルト防水断面

写真3　塩ビシート防水の施工

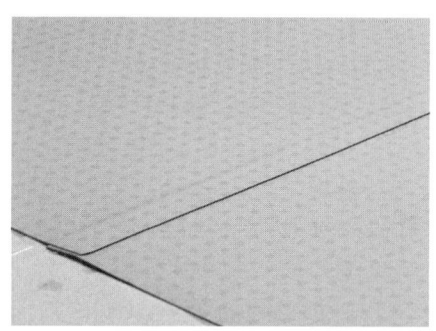

写真4　塩ビシート防水断面

写真5　ウレタン防水の施工

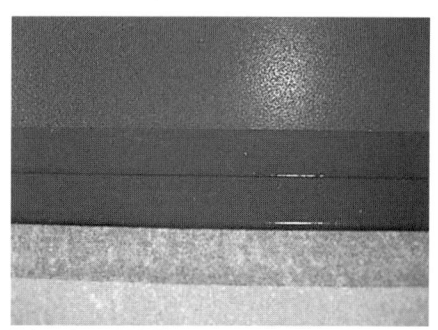

写真6　ウレタン防水断面

【既存防水層の見分け方】

Q.48 既存建物の屋上緑化での防水層の改修時期は。

A. 施工されている防水層の標準耐久年数の2〜3年前を
リフォームか手直しの目安と考える。

既存建物の屋上緑化での防水層の改修時期

　既存の建物で屋上緑化を行う場合、新築時から何年経過しているか、また、防水改修工事から何年経過しているか、どのような防水層を採用しているのかなどを調査します。防水改修をせずに緑化できるのかどうか、緑化施工後、何年後に防水改修を計画しなければならないかなどを判断します。

　防水の耐久性は防水層の種類、工法によって大きく異なります。耐久性の1つの目安となるリファレンスサービスライフ【→Q.44】では保護防水工法では20年、露出防水工法では15年と提案されています。最近では60年程度の耐久性が期待できる高耐久アスファルト防水工法も開発されています。撤去、補修改修を繰り返し行う防水層の改修では、費用の増加、環境負荷を考えると、高耐久性防水層の選択も検討すべきです。

　ベランダやバルコニー、一度改修された屋上などでは、作業性、施工性から、ウレタン防水が多く施工されています。ウレタン防水も耐久年数は10〜20年と仕様、工法により違いがあります。一般的に施工されている2〜3mm厚の密着工法の場合、改修の目安は10年程度（途中でトップコートの塗り替えを行った場合）と考えていいでしょう。また、同様に耐久年数が15〜20年のシート防水の場合も、13〜17年程度と考えると安全でしょう。

　既存の建物に緑化を行う場合、既存防水層が何年経過しているか調べ、その残存耐久性が1/2を経過した防水層は、防水改修を検討すべきです。既存防水層がアスファルト防水で予想される耐久年数が20年の場合は、1/2の約10年程度、ウレタン密着工法では約5〜6年、塩ビシート防水は約7〜8年とみるのがよいでしょう。

　建物の耐久年数を100年と想定すると、防水層の耐久性の違いにより2〜10回程度の防水改修工事を行うことになります。

　防水改修を行わず、既存防水層を利用して屋上緑化を計画する場合は、既存防水層の耐根性能などを確認し、耐根性がない防水層の場合は、耐根シートを新たに施工し屋上緑化を行います。緑化も次回の改修時期が短いため、移設可能な薄層緑化

かプランターなどによるコンテナ緑化をおすすめします。

　防水改修が困難で大掛かりな庭園や菜園を施工する場合は、既存防水層の耐久性が多少残っていても、耐久性の高い防水層で改修工事を行うと、長期間安心して屋上緑化を楽しむことができます。

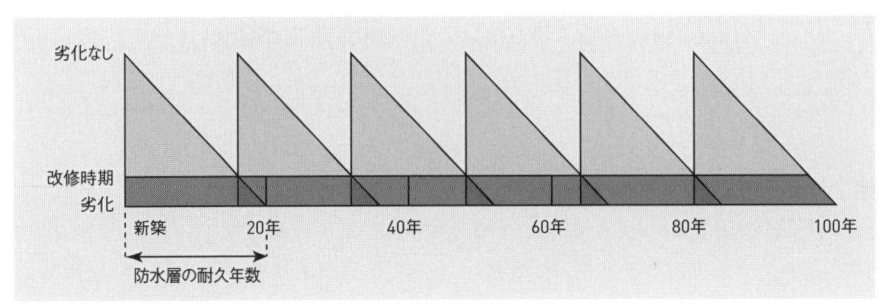

図1　耐久性20年の防水の場合

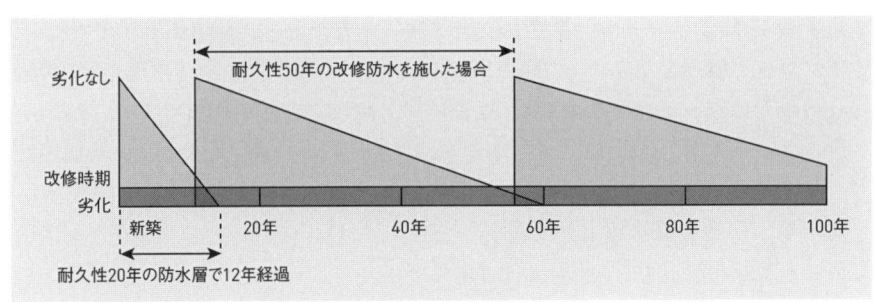

図2　耐久性20年の既存防水の12年経過後、耐久性50年防水を施した場合

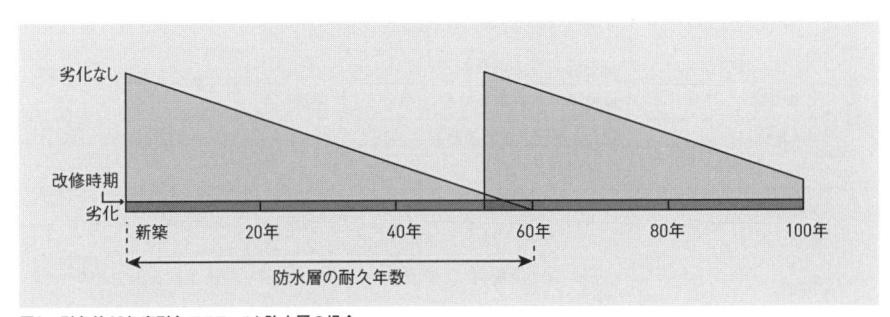

図3　耐久性60年高耐久アスファルト防水層の場合

参考文献　建設大臣官房技術調査室監修、(財)国土開発技術研究センター・建築物耐久性向上技術普及委員会編「建築防水の耐久性向上技術」『建物の耐久性向上技術の開発』(1983) ／(独)建築研究所『建築物の長期使用に対応した材料・部材の品質確保ならびに維持保全の開発に関する検討委員会(外装分科会編)報告書』(2011)

Q.49 屋上に使用する土留め材の種類と特徴は。

A.　造成型から、簡易なコンテナ型まであるが、再利用などを考えると、ブロック積みやシステムコンテナ利用の緑化が望ましい。

屋上に使用する土留め材の種類と特徴

　植栽の土留めはコンクリートやブロック積み、レンガ積みなどの造成型と、組み立て式のシステムコンテナ敷き、簡易なコンテナ型があります。防水層の改修時の撤去、再利用などを考えると、ブロック積みやシステムコンテナ利用の緑化が望ましいといえます。

　造成型では、コンクリートやブロック積みにタイルや石張りの仕上げをするか、化粧ブロック積みまたはレンガ積みがあり、いろいろなデザインが可能です。薄層緑化の場合はアルミ縁材やレンガ、地先境界ブロックなどを使用します。また、システムコンテナ型では、GRC（ガラス繊維強化セメント）のものや枕木、金網などによるシステムコンテナ型などがあります。

　防水層の保護と漏水防止を重視する場合には、FRPのコンテナや金網コンテナなどによる緑化が望ましいといえます。

表1　屋上緑化に使用する主な土留材の特徴

分類		特徴
造成型	コンクリート土留め	大規模な屋上緑化などに使用、タイル張りなど
	コンクリートブロック	小規模な屋上緑化などに使用、タイル張りなど
	化粧ブロック積み	大規模でローコストな屋上緑化などに使用
	レンガ積み	屋上ガーデンなどに使用
	アルミの縁材	薄層緑化などのエッジ材として使用
システム型	自然石	六方石や御影石などを使用した土留め
	枕木	カスガイなどで固定した簡易なもの
	GRC	ボルトによる接着方式、砂岩調、岩肌調など。H＝220、300、450などのサイズがある
	金網	L型またはコンテナ型にして使用。有効土壌幅が広く確保できる
	発泡樹脂	発泡樹脂を素材としたもので、表面は石調
	FRP	FRP製のコンテナを使用
	プラスチック	リサイクルのプラスチックのコンテナを使用
	ウッドシステムコンテナ	高耐久性木材を使用したウッドコンテナ

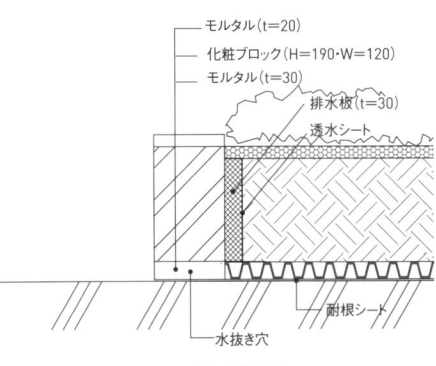

図1　コンクリート土留め断面例

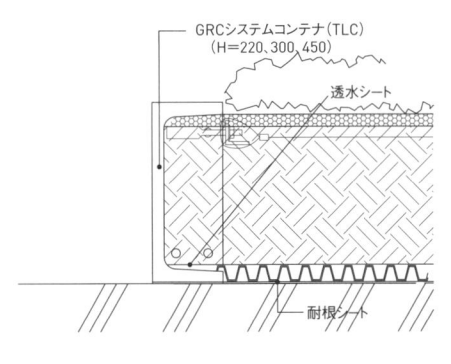

- モルタル(t=20)
- 化粧ブロック(H=190・W=120)
- モルタル(t=30)
- 排水板(t=30)
- 透水シート
- 耐根シート
- 水抜き穴

図2　GRCシステムコンテナ断面図例

- GRCシステムコンテナ(TLC) (H=220、300、450)
- 透水シート
- 耐根シート

写真1　GRCパネルでシステム緑化した例

写真2　コンクリートブロックの土留め

写真3　自然石(六方石)の土留め

写真4　アルミの縁材

3　屋上緑化の設計

【土留め材】

Q.50 屋上で使用する床材の種類と留意点は。

A. 重量と構造に留意し、防水層を傷つけないように
保護マットなどを敷くことと飛散しないようにすることが大切。

屋上での床材の留意点

屋上の仕上げの多くは、押えコンクリートかモルタル仕上げ、またはシート防水の状態のままです。屋上の床材の仕上げは景観上重要となります。屋上では重量に注意しなければならないのと、強風時にも飛散せず、雨水を速やかに排水する構造のものとする必要があります。また、防水層を傷つけないように保護マットや全面接着の耐根シートなどを敷いてください。

押えコンクリートなどにタイルや石などを直接張る方法や仕上げ材を塗る方法と、モルタルを使用しない置き式の方法や組み合わせ式で留める方法などがあります。補修性や再利用などを考えますと置き式や組み合わせ式のものが適していますが、風で飛散しないように床に固定する必要があります。環境への配慮を考えると、保水透水性のリサイクルブロックで、モルタルなどを使用しない工法とするのが望ましいといえます。また、ウッドデッキは表面温度がコンクリートより高くなる場合があるので注意してください。

表1 主な屋上に使用する床材の特徴

石	基本的にはモルタルなどで固定。白御影は紫外線の反射が強くまぶしい。洋風の庭では石灰岩などがよく使われる
タイル	磁器タイルやテラコッタタイルのものがよく使われる
コンクリート平板	浮き床式構造が開発されるに伴い、擬石平板などが使われるようになってきている
レンガブロック	保水透水性のリサイクルブロックもある。再利用と白華（エフロレッセンス）防止のため砂や耐圧性の透水板などの上に置く方法とすることが多い
ウッドデッキ	軽くテクスチャーが良いが、照り返しが強い。階下へのガタツキ音にも注意する。高耐久性の木材のほか、廃プラスチックと廃材を利用した再生木材のウッドデッキもある
ゴムチップ	軽く、転倒に対してもケガの心配が少ないが、照り返しが強い。病院や老人ホームの屋上などに適する
人工芝	表面温度は高くなる。降雨後じめじめした感じが残る
天然石樹脂舗装	天然の砂利を特殊樹脂で固定した舗装。厚さ10mmで、重さは約18kg/㎡と軽量。押えコンクリートの上に施工する
塗装（遮熱塗料）	太陽光吸収による温度上昇を防ぐために開発された塗料を塗った床仕上げ

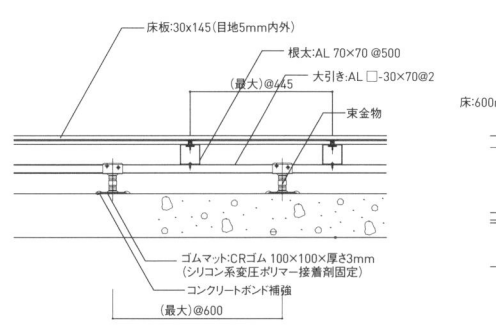

図1 ウッドデッキ断面図例

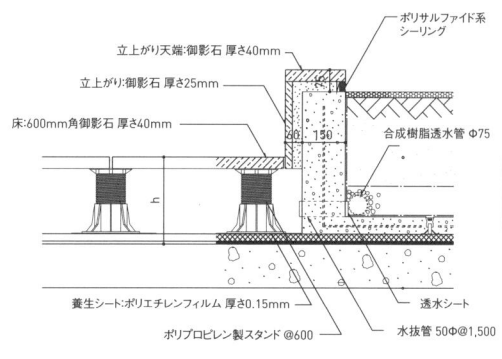

図2 石張り（浮き床式）断面図例

写真1 ウッドデッキの基礎

写真2 コンクリート平板の浮き床

写真3 保水性レンガブロック敷き

写真4 ゴムマット舗装

Q.51 屋上ではどのような風が吹くのか。風速が大きいようだが大丈夫なのか。

A. 地上部に比較して強い風が吹いているので、風圧力に抵抗できるように、植栽基盤を屋上床面に固定するなどの対策が必要である。

屋上に吹く風

　屋上は、地上部に比較して強い風が吹いています。風速や風の流れ方は、建物の規模・形状・風向き・周辺建物の状況などによって変化します。屋上での風の流れは一般に複雑で、【図1、2】に示すような剥離流や吹き下ろしの風などが吹きます[1]。したがって屋上での植栽にあたっては、建物個々に関して風速や風の流れ方に十分な検討が必要になってきます。

屋上および壁面に作用する風圧

　建物に風が当たると、【図3】に示すように、屋根や壁面を押える力（正圧）あるいは持ち上げる力（負圧）のどちらかが作用することになります。安全な屋上または壁面緑化施設をつくるためには、この風圧力に耐えられるものでなくてはなりません。風圧力の計算式（屋根葺き材の風力計算式）は、下式で示されます。

$$W = q \times Cf = 0.6 \times Er^2 \times Vo^2 \times Cf$$

　ここに、Wは風圧力（Pa）、qは平均速度圧（Pa）、Cfはピーク風力係数、Erは平均風速の高さ方向の分布を表す係数、Voは基準風速（m/s）を表しています。例えば東京23区内に立地した高さ100m程度（30階相当）の建物屋上では、約500kgf/㎡（約4,900N/㎡）程度の負の風圧力が発生することになり、【写真1、2】に示すようにこの力に耐えられる植栽基盤の固定方法などの工夫が安全対策上必要になると考えられます。また樹木単体に作用する風圧力は、別途、実験などによって風力係数を求め、作用力を算定することもできます[2]。

屋上の風環境を改善する方法

　屋上に吹く風の速度を抑え、風圧を小さくしたり、植栽基盤の配置や植栽方法に留意することは、屋上緑化を実施する際にきわめて重要です。耐風性の高い屋上緑化施設にするには、①高いフェンスを設置する、②屋上に設置される設備施設や

塔屋などを風除けとしてうまく利用する、③陸屋根では隅角部（四隅）の風圧力が大きくなることから、このような部位への植栽は避ける、④木本類は樹高を抑え、密植するなどの配慮が必要になります。とりわけ①、②は大きな効果が得られます。すなわち、屋上にフェンスがあることによって、【図4】に示すように、フェンス近傍では60～80％もの風速を低減でき、フェンスから離れるにしたがってその効果は小さくなりますが、フェンスの高さの約20倍くらいの距離まで風速低減効果が期待できるようです*3。また、屋上緑化をすることによって、植栽自体が防風フェンスの役割を演じ、屋上や建物周辺の風環境の改善が見込めるという発想もできると考えられます。

図1　建物屋上の平均的な風の流れ

図2　低層棟への吹き下ろし

図3　屋根に作用する風圧力

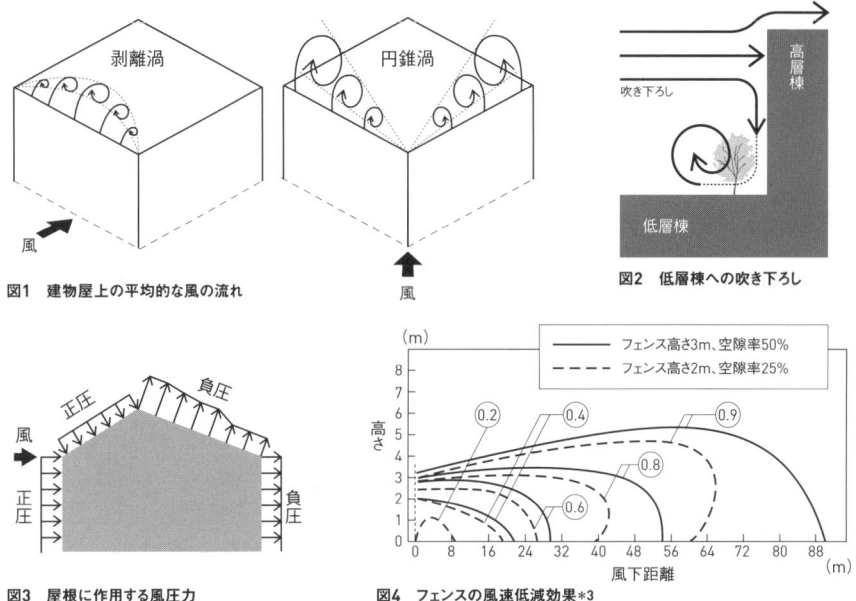

図4　フェンスの風速低減効果*3

写真1　薄層緑化は軽い（風で飛ばされやすい）

写真2　対策（植栽基盤を床面に固定）

参考文献　＊1 孟岩・日比一喜「高層建物屋上の流れ場の乱流特性と組織運動」『日本風工学会誌』第72号、pp.21～34（日本風工学会、1997）／＊2 村上周三他「樹木の防風効果――実物の樹木を用いた風洞実験並びに樹木の模型化に関する検討」『風工学シンポジウム論文集』pp.129～136（日本風工学会、1984）／＊3 風工学研究所『これだけは知っておきたい――新・ビル風の知識』（鹿島出版会、1989）

Q.52 風対策にはどのような方法があるのか。

A. 風速の軽減のためには壁や防風ネット、樹木の倒れ防止には支柱、土壌の飛散防止には植物やマルチングなどの対策がある。

風対策の種類と方法

建物の屋上では、吹き上げや吹き下ろし風などもあり、地上より風はかなり強く吹きます。植物が健全に生育できるように、壁や防風ネットなどによる風速の軽減、支柱による樹木の倒れ防止、植物やマルチングによる飛散防止などの対策が必要です【表1】。

風速の軽減

パラペットの立上がりの高さを灌木や草花より高くすると、灌木や草花への風の影響を軽減できます。高層ビルの屋上などで景観を重視する場合には強化ガラスの壁にすると風の影響を軽減するとともに景観も楽しめます。また、ベランダなどでは、日照などを考えると高価ですが光を通すガラスブロックが植物にとっても好ましいものになります。

防風ネットの取り付け方法としては、既存の手摺りにネットを取り付け、ラティスで押さえるのが意匠的にも好ましいものとなります。ただし、構造的なチェックも必要となります。簡易な手摺りの場合は倒れる危険性があるので十分注意する必要があります。ラティスもある程度効果があります。ただし小さな子供がいる場合には落下しないようにラティスにネットを張るなど、安全対策に配慮することが大切です。

生垣に使用する樹木は耐風性や耐乾燥性のある樹木を選ぶ必要があります。キ

表1 風対策の項目と対策例

対策項目	対策例
風速の軽減	壁、強化ガラス、防腐ネット、ラティス、生垣などの設置
風倒防止	支柱の設置(樹木地下支柱など)
土壌飛散防止	マルチング、地被植物などの植栽
乾燥防止	マルチングなど

ンモクセイは適しません。サザンカやイヌツゲ、ウバメガシ、カナメモチ、ネズミモチ、カイヅカイブキなどが適します。

　風が強い場所では風の影響をあまり受けない背の低い植物を植えるなどの計画とすることが大事です。

飛散防止とマルチング

　マルチングとは、植物の根元に敷きわらなどを敷いて、乾燥防止や保温、雑草の繁殖防止などを行うことをいいます。屋上緑化では、土壌の飛散防止や乾燥防止のために、表層をバークチップや火山砂利などでマルチングします。

　マルチングの材料には、マツのバークチップや針葉樹系の樹皮繊維そのほか、火山砂利やレンガの砕石、リサイクルの人工軽量骨材などのマルチング材もあります。一般的に、火山砂利やレンガの砕石、リサイクルの人工軽量骨材などの重いマルチング材は、風が強い場所などに使用します。厚さは2〜3cm前後が一般的です。

写真1　パラペットの立上がり

写真2　強化ガラス

写真3　防風ネットとラティス

写真4　イヌツゲの生垣

Q.53 屋上緑化に樹木を使用する際の支柱の種類は。

A. 土壌厚によっては一般のものと同じ種類が使えるが、通常は樹木地下支柱を使用する。

屋上緑化に使用する樹木の支柱の目的と種類

通常、屋上では支柱を支えるほど土壌厚が十分でなく、従来型の風除け支柱が使用できないため、抵抗板などを設置して根鉢を地中で固定する地下支柱などを用いる方法で支持します。背の低い中木などでは、植栽基盤の下に敷設した溶接金網(メッシュ)などに根鉢を固定する方法もあります。また、十分な土壌厚がある場合や風の影響が少ない場合などは、八つ掛け支柱など一般的な支柱を使用することができます【表1】。

支柱使用上の留意点

地下支柱は転倒強度を十分計算した上で形式を決定してください。風が強い場所では、樹木地下支柱でも傾くことがあります。八つ掛け支柱と併用したりすることも必要となります。できるだけ支柱を連結して使用することが望ましく、特に溶接金網では連結して使用する必要があります。場合によっては、支柱を押えコンクリートや土留め材などに固定する方法も取ります。ベルトは根に食い込まないよ

表1 屋上に使用する樹木支柱の種類と特徴

八つ掛け支柱	中高木に使用する従来型で竹や丸太で三または四方向から支える方法。土壌厚が40cm以上で締まりの良い土壌に使用。安価
布掛け支柱	生垣や列植などに用い、竹や丸太を使用して支える方法。土壌厚がある場合に使用。安価
ワイヤー支柱	アンカーやフックで固定したワイヤーを使用して固定する方法。高木に適する。防水層に注意する。やや高価
溶接金網固定法(地下支柱)	溶接金網を土壌の下に敷設して根鉢を固定する方法。中木などの使用に適する。やや安価
単管井桁固定法(地下支柱)	仮設用の単管を井桁に組み、土壌の下に敷設して根鉢を固定する方法。低めの高木の使用に適する。やや高価
抵抗板設置固定法(地下支柱)	抵抗板を使用し、土壌の下に敷設して根鉢を固定する方法。高木や土壌厚が少ない場合に適する。高価

うに数年したら緩めたり、分解するものを選ぶなどの注意が必要です。よくフェンスから布掛けなどにより生垣を支持していることがありますが、フェンスの基礎はフェンス分の強度しか計算していないので、避けてください。

写真1　八つ掛け支柱

写真2　溶接金網固定法

写真3　下地のメッシュの敷設

写真4　メッシュと一体化させて抵抗を増大

写真5　抵抗板と樹木地下支柱の連結

写真6　ベルト掛け

Q.54 灌水にはどのような方法があるのか。

A. ホースやスプリンクラーなどの種類があり、
手動または定水量・タイマー装置を用いて行う。

労力のかかる人力の水撒き

日射や風で乾燥しやすい屋上に緑化をした場合、植物にとって必要不可欠な水を与えることは重要ですが、たいへんな労力がかかるものです。非常に透水性のよい人工土壌を利用していたとしても水の浸透力は1分間に3cm程度ですから、1㎡当り5～10分間とじっくりと水撒きをしてやっと15～30cmの深さまで水が土壌中に入っていきます。30㎡とすれば2時間以上もたっぷりと時間をかける必要があるわけです。短時間での水撒きでは、実は表面しか濡れておらず、根は水を求めて表面に集まり、ますます水撒きがたいへんになってしまいます。

写真1　予想以上に時間のかかる人力散水

浸透力の悪い土壌を使った場合は、一度に大量に灌水しても表面を流れるばかりで、土壌に吸収されず植物に必要な水が無駄になってしまいます。自然土壌の場合、人工土壌に比べて浸透時間は10～100倍かかりますからなおさらです。

灌水の種類（散水ホース）

灌水の種類には、普通のホースを用いる場合、灌水用ホースを用いる場合、スプリンクラーを用いる場合があります。

灌水専用ホースには、点滴型と染み出し型があります。点滴型は、ホースに約30～50cm間隔で穴が開いており、そこからポタポタとゆっくり水が出ます。内部構造が圧力を調整できるようになっている（1～3ℓ/h）ものもあり、一定量の水が穴から出るため節水にもつながります。染み出し型はホースそのものが多孔質になって

おり、ホース全体から汗のようにゆっくり水が出ますのでホース全体で灌水できます。圧力調整ができないので、あまり長距離だったり高低差がある場合は調整弁で水圧を補正する必要があります。

スプリンクラーは、回転しながら水を飛ばす方法です。芝生広場などには適していますが、樹木が多いところは手前の木が邪魔になりうまく水がかからなかったり、風が強いと風上側に水が飛ばないなどの問題もありますので風の強い日の散水には注意が必要です。

灌水方法と灌水の種類（制御タイマー）

灌水の方法には、①手撒きで行う方法、②定水量装置をつけてコントロールする方法、③タイマー装置をつけてコントロールする方法などがあります。

①手撒きによる方法

人がホースで水を撒く方法で非常に手間がかかりますが、植物の状態をいつも見ながら適切な水管理ができます。

②定水量装置を用いる方法

水の出る量を手動によりダイヤルで決定し、指定した水量が出たら自動的に水が止まる方法です。これも、人が植物の状態を見ながら水量を調整できます。

③タイマー装置を用いる方法

タイマーで灌水時間をコントロール管理する方法は、あらかじめ灌水時間や日にちを設定しておき、自動的に灌水する方法です。週間タイマーや年間タイマーなどがあります。また、タイマーには乾電池やAC100V電源、ソーラーによるタイマーなどがあります。雨水センサーを連動させることにより雨の日は灌水を止め、節水することもできます。

写真2　電気式（AC100V）の制御タイマー

写真3　散水をコントロールする電磁弁

Q.55 灌水設備を設置する上での留意点は。

A. 土壌の厚みやシステムを考慮し、植物により適切な灌水方法を選ぶ。

灌水方法の種類

灌水設備方法には、地上、地表、地中、底面灌水があります。

灌水ホースの水を逆流させない

灌水設備を設置する上で留意する点は、まず土壌の厚みやシステム、日陰・日向や方位による日照条件を考慮し、また、植物の特徴により適切な灌水方法を選ぶとともに、灌水の量や時間を決定する必要があります。土壌の厚みが薄い場合は、灌水回数が増えます。また、芝生はできればスプリンクラーにするか灌水ホースの間隔を狭くし、保水排水パネルで水が平均に広がるように工夫する必要があります。

また、水道口と灌水のホースをつなぐ場合、高架水槽のように一度水道管本管と分離されている場合は問題ありませんが、ポンプアップ式の場合、基本的に直結させることは問題があり、灌水ホースの水が逆流しないよう措置を取る必要があります。一度タンクに受けたものをポンプで加圧給水する方法や、逆止弁を付ける方法、エアーバルブを付けて逆流を防止するなどいろいろな方法がありますが、地域で基準が異なるため、水道局に問い合わせて確認を取るのがいいでしょう。

さらに、散水詮は灌水専用と清掃用の2口を設置するのが好ましいでしょう。

灌水の系統を分ける

一般に屋上緑化をする場合は乾燥に強い植物を利用します。水を好む性質の植

表1　屋上に使用する樹木支柱の種類と特徴

灌水設備方法	特徴
地上灌水	手撒きホースやスプリンクラーによる散水【→Q.54】。風などで水が飛散するが、葉にも自然に水が当たり芝生などに適する
地表灌水	点滴ホースなどを地表に設置して灌水。水の飛散が少なく省資源タイプ。一般的に使用される灌水の仕方。手動と自動がある
地中灌水	点滴ホースなどを地中に設置して灌水。ホースが目立たないが、点検が難しい。薄層緑化など薄い植栽基盤などに使用
底面灌水	植栽基盤の底面に貯水し、毛管現象で土壌に水分を補給する方法。水を流し、夏季の水分上昇による蒸れや塩類集積を防止することが必要

物を入れる場合は、できるだけブロック化し、それそれの植物を集めてデザインし、灌水の系統を分けておくことが必要です。一般的な緑地での1回当りの灌水量としては、4mm/㎡程度で計算します。また、四季に応じて灌水時間の設定を変える必要があります。

ホースの取扱い

ホースを埋設した場合、植替え時にホースを切ってしまったり、ホースが折れ曲がって先端まで水が行き届かないなどの例が多いようですから注意してください。また、耐久性の弱いホースを長時間使用すると、劣化して穴が開いてしまいますので注意してください。

写真1　灌水ホースが切れて、水漏れしている例

写真2　水漏れにより植物へ水が行き届かず、枯れてしまった例（左側）

写真3　エアーバルブを使った例、施工中

写真4　同、完成

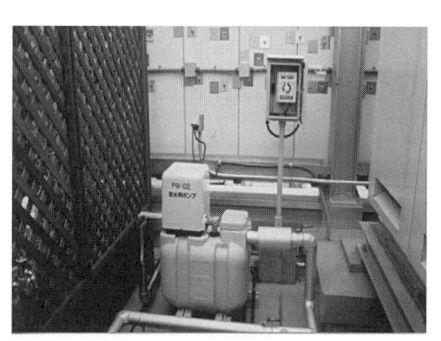

写真5　ポンプタンクを使って上水と分離している例

【灌水設備】

Q.56 雨水を有効利用した灌水方法とは。

A. 雨水を土壌や植栽基盤に溜める方法と、タンクに溜める方法がある。

雨水利用の種類

　雨水をできるだけ有効に利用して水の管理を行うことは、今後の屋上緑化を推進していく上で、非常に大切な技術です。雨水利用については、土壌や植栽基盤に雨水をできるかぎり溜め灌水頻度を少なくする方法と、雨水をタンクに溜めポンプアップして灌水に利用する方法や、それらを併用する方法があります。

植栽基盤層で雨水を溜める方法

　現在、屋上緑化で用いる排水層には、貯水機能が併用されているものが多く利用されています。これは排水層の上部にくぼみをつけておき、その部分に水が溜まりオーバーフローしたものが速やかに排出される構造になっています。貯水量は1～5ℓ/㎡程度のものが多いようです。底面貯水があまり多いと梅雨時期に過湿になるので注意する必要があります。また、植栽の底面に保水マットを敷設し雨水を溜め込む方法もあります。

　雨水を利用し灌水頻度を減らすためには土壌もたいへん有効に機能します。屋上に降った雨は土壌層を通過して余剰水が排出されます。基本的には、降った雨がすべて土壌を浸透していくだけの透水能力と、できるだけ多くの水を保つことがで

写真1　雨水タンク　　　　写真2　底面貯水型ユニット

きる保水性が土壌に要求されます。透水性では、36mm/h以上の浸透力、有効水分保持量で100ℓ/㎡以上が屋上用土壌の基準になっています。

浸透性や保水性の良好な土壌で、土壌厚が適切であれば、植栽直後はまだ根がそんなに張っていませんから灌水は必要ですが、1〜2年きちんと管理すればそれ以降の灌水管理は非常に低減できます。これも、長い目で見ると雨水利用型の植栽方法だといえます。

写真3　フロート式プランター

雨水タンクを利用する方法

植栽地よりも高い位置に屋根がある場合は、その屋根に降った雨を樋などから雨水タンクに溜め、必要に応じてタンクより水を取り出し灌水するという方法もあります。ただ、水の重さもかなりのものになるので、たくさんのタンクを屋上に設置することは、現実上難しい面が出てきます。

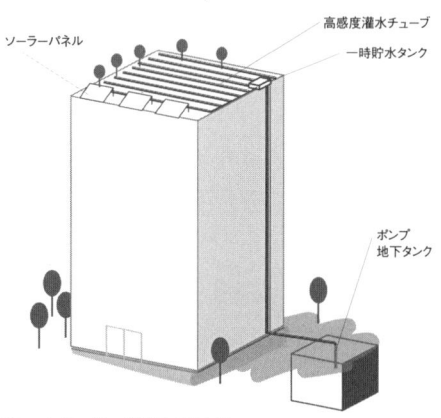

図1　ソーラーポンプ灌水システム例

その他、雨水を溜め込める構造になっているフロート式プランターもあります。

ソーラーなど自然エネルギーを利用する方法

屋上の基盤層に溜めきれなくなった雨水を地下に溜め、それをポンプアップして灌水する方法もあります。ソーラーで30mほど揚げ、低圧力でも流水できる点摘パイプもあります。

しかし、タイマーなど消費電力の小さなものであれば、ソーラーを利用した灌水用タイマーもあります。

Q.57 屋上やベランダガーデンにおける安全対策や近隣への配慮とは。

A. 積載荷重や漏水防止などの建物に対する安全対策とともに、転落防止や枯れ枝・物の落下防止などに配慮すること。

安全対策

屋上やベランダガーデンを計画する場合、積載荷重や漏水防止など、建物に対する安全対策とともに、転落防止や枯れ枝・物の落下防止など人の安全へ配慮する必要があります。また、近隣への配慮、防災への配慮も考慮することが大事です【表1】。

表1 安全対策と近隣への配慮

分類	項目	内容・対策
建物に対する安全対策	積載荷重	植栽基盤の軽量化、軽量な資材の使用など
	漏水防止	排水勾配、パラペットとの納まり、ルーフドレンカバーの設置、植込み内の排水、テラス部分の雨水排水など
		室内への雨水流入防止（排水溝の設置、レベル差など）
		防水層を傷つけない、アンカーを使用しない設置方法
		ドレンの定期的な清掃など
人に対する安全対策	転落防止	手摺りの高さを110cm以上にする
		花壇の縁に足をかけて転落しないように十分配慮する
		ラティスも110cm以上で、小さな子供がいる場合には、ラティスに足がかからないようなものとする
	落下防止	壁掛けプランターなどが下に落ちないような置き方、固定とする
		枯れ枝や実などが落ちてケガなどをさせないように、樹木の配置には注意する
	飛散防止	物が飛ばないようにしっかりと固定する
近隣への配慮	防音	ウッドデッキのがたつきを防ぐ、ゴムマットなどを敷く
	日照	プライバシーの確保とともに、近隣への日照も考慮する
	汚れ	ベランダなどで、餌台などを設置する場合、野鳥などの糞が階下に迷惑にならないように注意する
		落葉やつる植物が階下に影響しないように管理する
	水	階下に水が降り注がないように水遣り方法に注意する
防災	避難経路	避難経路、避難用隔壁、避難用ハッチ部分に物を置かない

ベランダ緑化での注意点

　ベランダガーデンをつくる上で注意する点は、マンションの管理規約に基づいて行う必要があります。特に避難通路になっている場所には物を置かないようにしなければいけません。基本的にはコンテナによるガーデニングとするのが望ましいことになります。そのほか、下記の点に注意する必要があります【表2】。

表2　ベランダ緑化での注意点

- 積載荷重は60kgf/m²（約600N/m²）以下とする
- 床材や構造物は床に影響のないようなものとし、アンカーや接着剤などで固定しない
- 床材は振動や防音に留意した材料と構造にする
- 転落防止のため、手摺りの高さは土留めの天端から110cm以上とする
- 手摺り際の壁の内側に、土留めの立上がりを設ける
- 速やかに雨水が排出されるように床全面に排水マットまたは耐圧透水板などの排水層を敷設することが望ましい
- 隣接するベランダに灌水の水や雨水が流れないようなものとする
- ルーフドレンにフィルターやカバーを設ける
- 土壌の飛散防止（マルチングをするなど）に注意する
- 背丈以上の樹木は植えない

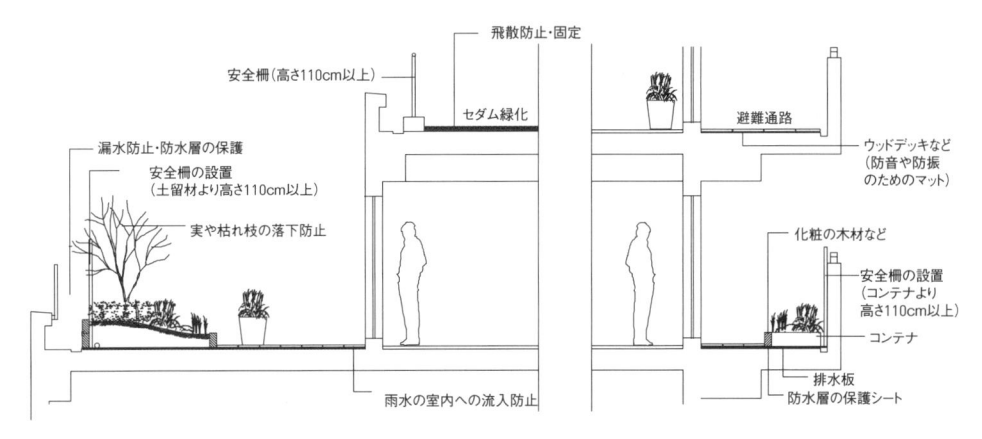

図1　安全対策

参考文献　屋上開発研究会『屋上・ベランダガーデニングべからず集——これだけは知っておきたい緑化住宅の知識』（創樹社、2000）

4章

屋上緑化の施工

Q.58 屋上緑化を施工する上でどんなことが大切か。

A. 図面の確認と、作業環境に十分留意する。

まず設計図面と現場の状況の確認

　設計図面と現場の状況が合致しているかどうかを確認する必要があります。最上階では問題ありませんが、中間階において、特に上部階の排水の樋などを見落としていることが多いので、注意を要します。このような樋があると大量の雨水が植栽地に入ってくるため、速やかに排水路の検討と図面の見直しをしてください。また、植栽地に近接して長大な

写真1　上部空間の排水が流れ込んでくる雨樋に注意

壁面がある場合も注意を要します。大雨が降った場合、壁に当たった雨が跳ね返り、壁面が大きい場合は、相当量の雨水が植栽地に降り注いで植栽地の排水能力を超えてしまうケースがあります。このような場合は、パラペットにオーバーフロー管を設けるなどの処置をすることが、後々のトラブル回避につながります。

　端部の土壌の高さと防水の納まりの高さ、排水勾配、梁や柱位置など基本的なチェック項目は現場で再確認することが大切です。

風対策や熱中症にも留意する

① 固定・接着方法
屋上での施工の場合、防水の関係もあって、オールインアンカーなどでの固定ができない場合が多く、特殊なアンカーや接着工法をとります。接着工法の場合、接着面のコンクリート表面が傷んでいる場合はプライマーを塗布するなどして十分な接着強度が得られるよう、適切な事前処理を行うことが重要です。

② 風・飛散対策
あまりにも強風時には特に危険をともなうのでシート類の施工を見合わせたほうが無難でしょう。また、土壌の飛散も近隣の迷惑につながったり、建物を汚したり、舞い上がった土壌が植栽地以外の部分に付着し、後で事故を誘発する危険性もあ

ります。水打ちをしたり、工事中は防風ネットを設置したりして十分な飛散防止策を実施する必要があります。

また、排水層などは積層構造のものが多いので、1日の施工作業では、飛散する可能性のあるものは中途半端な形で終わらせず、飛散しないような処置をした上でその日の施工を終えられるよう、ゆとりを持った工程を組むようにすることが大切です。

③ スコップなどの扱い

施工時に、スコップや鋭利な刃物を防水層や耐根層の上に直接置いたり、また植栽時にスコップで下地を傷つけたりしないよう細心の注意が必要です。

④ 高温での作業

特に夏季の屋上は日陰がない場合が多く、異常な高温になります。熱中症などの予防には十分気をつけなければなりません。常に健康状態をチェックし、無理をせず、十分な休息をとりながら施工する必要があります。

表1 施工時チェックリスト(既存建物も含む)

建物の概要	所在地・建物管理者・建物用途・竣工時期・設計者・施工者など
工事期間	工事期間・工事完了日など
緑化申請	緑化申請の有無
屋上緑化の場所	高さ・直下階利用用途・パラペットなどの高さ
緑化内容	植栽基盤厚・土壌の種類・排水層の種類・緑化植物・その他
積載荷重条件	土壌、樹木、資材など許容積載荷重
屋上の仕上げ	仕様・色・現況の状況
防水	仕様・改修時期・改修の有無
排水設備	排水方法・排水勾配・ルーフドレンの位置と箇所・その他
給水設備	給水管の位置・散水栓の有無と位置・雨水利用の有無・その他
電気設備	電源の位置・コンセントの有無・使用可能電気容量・その他
搬入通路および管理用通路	出入口(高さ、幅、箇所)・階段(幅、箇所) エレベーター(有無、高さ、幅、積載容量、利用可能時間など)
搬入車両の使用	建物周囲空地(有無、位置、広さなど)・搬入車のアクセス可能性

参考文献 屋上開発研究会『屋上・ベランダガーデニングべからず集―――これだけは知っておきたい緑化住宅の知識』(創樹社、2000)

Q.59 屋上緑化と一般の緑化で施工コストの違いは。

A. ① 運搬・荷揚げのためのコスト、
② 狭い資材置き場のためのコスト、
③ 養生材の使用と廃棄処分のためのコスト、がかかる。

　当たり前のことですが屋上緑化と一般の緑化で最も異なる点は、緑化位置が建物の上にあることです。つまり植栽材料を階上に揚げる分と、また、屋上には十分なスペースが確保できない場合が多いので、それにともなう分のコストアップが生じます。

運搬・荷揚げ・安全確保のコスト
　屋上と地上でそれぞれに資材を下ろす人工が必要です。資材や小運搬の距離にもよりますが、地上部で2～3人、屋上で4～6人程度は必要です。それ以外にクレーンに指示を出す人、玉掛けをする人、荷下ろしやトラック周辺で安全を確保するため誘導する人など、地上では必要のない人工がかかってきます。

狭い資材置き場のためのコスト
　地上部では資材を仮置きするスペースの確保は比較的簡単です。したがって資材も一括で取り寄せることもできます。しかし、限られたスペースである屋上緑化の場合、仮置きスペースがなかなか確保できないため、資材の搬入も小ロットにならざるを得ません。そのため、どうしても運賃コストが地上部よりかかることは否めません。また、資材を施工場所に横付けすることが難しく、横移動が生じます。この場合も屋上では積載荷重や建築物を傷める問題から、大型機械での施工が難しく、小型機械か人力による施工に頼らざるを得ません。このような理由から、地上部に比べ施工量が減じてしまい施工費もアップします。

養生材の使用と廃棄処分費
　屋上に使用される材料は、荷揚げや横移動のこともあり、梱包されて現場に搬入されます。したがって残材の処理費も、地上部の緑化より増加します。また、既存建物の緑化などの場合、通路やエレベーターの養生が必要となります。

建築と設備との調整

　屋上緑化の場合、一般の緑化に比べて工事範囲、取り合いやスケジュールなど建築および設備、防水工事などとの調整がより多く必要となります。そして、それにともなう人件費が発生することも考慮する必要があります。

写真1　スペースの確保が難しい

写真2　荷下ろし場から植栽地へ土壌を人力で移動した例

写真3　資材の小運搬の例。台車では一度に数袋しか運べない

写真4　小型クレーンによる施工例

写真5　ベルトコンベアにより、土壌を搬入した例

Q.60 屋上緑化を施工する手順は。

A. 表のとおりだが、防水層や仕上げを考慮して効率よい手順を心がける。

施工手順を【表1】に示すと以下のような流れとなります。

屋上の清掃は念入りに

小さな小石や異物があると、施工中に踏んで防水層や耐根層に傷つけたりし、後に漏水の原因となります。そのために屋上は、押えコンクリートがある場合はコンクリート床面、露出防水仕様の場合は防水層表面をきれいに清掃することが必要です。

立上がり部分にも位置出しをする

位置出しをして施工範囲を決めます。墨打ちは床面にも必要ですが、シートやマットを敷き詰めると位置がわからなくなるので、立上がり部分にも印を付けておくと便利です。

植栽基盤の造成

防水の種類にもよりますが、一般的には耐根シートの施工です。耐根シートは土

表1 屋上緑化を施工する手順(例)

工事前の準備	① 設計図面と現場状況の確認、建築との調整
	② 施工計画・資材の搬入計画の策定
本工事	① 風対策
	② 屋上の清掃・養生
	③ 位置出し
	④ 電気・給排水工事(設備資材などの荷揚げ)
	⑤ 耐根・排水資材の設置
	⑥ 土留め材の設置・外構および施設工事(土留め材・外構資材の荷揚げ)
	⑦ 排水層・土壌などの植栽基盤の造成(植栽基盤材の荷揚げ)
	⑧ 植栽工事(植栽材料の荷揚げ)
	⑨ 灌水設備工事
	⑩ 試運転・調整・清掃・工事完了

壌の上端まで施工するのが基本ですが、芝などのようにランナーが出る植物は土壌面より10cm程度は上げておく必要があります。次に耐根シートの保護層、排水層を設け土壌が流出しないためのフィルター層を敷設しますが、メーカーによりシステムがいろいろあります。土壌が流出しないようフィルターを立ち上げるケースがありますが、水が横移動する場合フィルターが抵抗になり、スムーズな排水を阻害するケースが多いようです。特に排水口やドレン周りは注意を要します。酸素管などのフレシキブルな排水管を設置しておくのが無難でしょう。

写真1　耐根補助フィルムの設置

土留め材や舗装材は排水に注意

　土留め材や舗装材を設置します。土留め材は軽量ブロックやパネル状のものなどいろいろあります。そして、様々な床材を設置します。ここで重要なのは全面に排水層を設けている場合は問題ありませんが、植栽地のみの排水層の場合、土留め材や床材が水を堰き止めてしまわないよう注意をして施工することが重要です。

写真2　排水層の設置

植栽工事は効率良い順序で

　土壌を入れる場合、中高木を植栽する

写真3　透水フィルターの設置

場合はあらかじめ位置を決め、樹木の転倒防止用の地下支柱を先に設置し、樹木を固定した上で土壌を搬入したほうが効率的に施工できます。また、防風ネットなどは早めに設置し土壌の飛散などを防止します。植栽においても生垣がある場合には、生垣から始めに行います。

　土壌が入ったら、花や、地被や低木を植え、マルチング材を敷き、飛散防止や表面の蒸発防止、景観性の向上を図ります。施工後、土壌やゴミ、また剪定枝、葉がドレンを詰まらせないよう十分な清掃を行います。

Q.61 荷揚げに関する注意点は。

A. 方法によって可能な作業量が異なるので、工程との調整に注意する。

荷揚げの方法

　荷揚げでの注意点としては、現場の状況と資材の重さと量に合わせて、荷揚げの方法、場所、手順に注意する必要があります。また新築の場合には、建築工事工程との調整が必要です。既存建物の場合には、営業時間などに注意して工程を組む必要があります。

　荷揚げの方法としては、タワークレーン、ラフタークレーン、エレベーター、昇降機や階段を利用して人力で揚げるなどの方法があります。現場に合わせた、適切な荷揚げ方法を選択します。

① **タワークレーンを利用する場合**――タワークレーンを利用する場合は、屋上緑化を施工する時期は工事の最終段階に近くなります。事前によく工程の打ち合わせをし、タワークレーンが設置してある間に荷揚げができるようにすることが大切です。

② **ラフタークレーンを利用する場合**――ラフタークレーンを利用する場合、クレーンを据える位置と、緑化位置をよく確認する必要があります。建物の高さだけでなく、屋上のフェンスの位置も確認してください。屋上まで荷物が届いても、フェンスを越せないと非常に手間がかかります。孫付きや大きめのラフタークレーンを使用するほうが、むしろコストが下がる場合があります。

③ **エレベーターを利用する場合**――エレベーターを利用する場合は、専用利用できるように所有者と打ち合わせをしておく必要があります。またエレベーターの積載重量や間口の大きさを調べ、資材がエレベーターに乗るように、長さを調整しておく必要があります。

④ **階高が低い場合**――階高が低い場合は、昇降機や外部からウインチを利用し荷揚げする方法もあります。それらの方法が取れない場合は人力による荷揚げをするしかありません。また、土壌は、空気圧送する方法もありますが土壌の種類や湿潤状態により施工できない場合や搬送効率が著しく低下することに注意してください。

荷下ろしと荷揚げ

　建築物周辺での狭隘地での荷捌きが通例です。資材の搬入車が入ってきたら速やかに荷降ろしを終え、トラックを早く場外に出す工夫が必要です。

　そのためには、あらかじめスムーズな荷捌きが可能なようにモッコを多く用意しておくことは作業効率を高める上でも有効です。

手順や量の確認

　屋上は資材の置き場が限られています。使用する順序や位置をよく把握した上で荷揚げや資材の仮置きをすることが大切です。この順序や置き場を間違えると狭い屋上で資材の移動を幾度となく行わねばならず、非常に手間と時間がかかるだけでなく、施工不良の原因にもなります。

　ラフタークレーンにて一度に揚げられる量は、クレーンの能力にもよりますが、通常1t以内か軽量物の場合でも1㎥以内が無難です。条件にもよりますが、1回の荷揚げ下ろしには、5分程度はかかります。また、ラフタークレーンの設置や搬入トラックの出入りなどを見ると、実行の時間は半分程度になります。

写真1　大型クレーンで一度に大量の土壌を直接搬入

写真2　特殊な吊り具で均等にフレコン袋を吊って搬入

写真3　ラフタークレーンで直接植栽地へ土壌を搬入

写真4　ラフタークレーンの孫を出し障害物を越えて搬入

Q.62 養生の注意点は。

A.　特に防水層を破損させないための養生が重要である。

　養生として、資材搬入時の養生、施工中の養生、施工後の養生・清掃があります。特に、防水層を破損させないための養生が重要です。

資材搬入の養生
　エレベーターや人力で建物内部を利用する場合は、土壌がこぼれたり、資材で壁や床を傷つけないよう入念な養生が大切です。
　レッカーなどで外部からの資材搬入の場合は、まず、レッカーが移動したり設置したりする場所に重量面で養生が必要かどうかを確認し、必要であれば鉄板養生など適切な方法をとらなければなりません。

防水層保護のための養生
　屋上・バルコニーの工事にあたっては資材の移動や集積、加工時に、あるいは土壌を盛ったり構造物を据え付けたりするとき、下地の防水層に影響を与えないよう細心の注意が必要です。
　工事に先立ち、施工場所の状況チェックを行います。防水層の上に資材や道具類を不用意に置いたりしただけで容易に破損することもあるので、あらかじめ衝撃緩衝層を敷設してから工事に着手することが重要です。衝撃緩衝層としては、簡易的な厚手の不織布マット、アスファルトマスチック板、平板ブロック、施工時のみの保護材としては合板なども利用できます。
　また、軽量物であっても、資材を落としたり角をぶつけたりして防水層を傷める危険性があるため、置き場や通路は必ず養生が必要です。

施工中の養生
　資材を加工する場所でも、レンガやタイル、金物の切りかすが防水層の上に散乱し、その上を歩いただけでも防水層を傷つけ漏水の原因になります。十分な養生と掃除機などのこまめな清掃が不可欠です。また屋上で使用される資材は軽量化されたものが多いため、作業終了時にはネットをかけ養生を行い、飛散防止に努める

必要があります。

施工後の養生・清掃

　施工が終了した時点で清掃作業が入ります。気をつけて施工を行っても土壌や剪定枝などが散乱しています。すぐに、水を使って洗い流すのではなく、きちんと清掃した後に洗浄しなければなりません。ほこりや土壌を一緒にドレンに流し込むと、詰まりの原因になります。

　特に、落ち葉や枝がパイプ内にかかると、ドレンは一層詰まりやすくなりますのでくれぐれも注意が必要です。排水口に砂利などを敷いて、ゴミが直接ドレンに入らない工夫も効果があります。

写真1　排水パネルが飛散しないようにブロックを置いている

写真2　集塵機の利用

写真3　排水口に砂利を敷きゴミが入り込まないようにしている

写真4　運搬時、耐根シートを傷つけないよう養生

Q.63 植栽工事での注意点は。

A. 土壌の飛散防止、スコップによる防水層の破損防止、十分な灌水などに注意する。

土壌・排水資材の取扱い上の注意点

① 土壌の目減りを考慮する

土壌は造成後水を遣ると、ある程度沈下します。沈下量（目減り量）を考慮して使用土壌量を計算し、搬入する必要があります。土壌によって異なりますが、真珠岩系パーライトを使用した軽量土壌などでは約20％目減りするものもあります。

② 土壌の飛散に注意する

特に、真珠岩系パーライトなどの軽量土壌は水を含まない状態では非常に飛散しやすく、注意が必要です。

湿潤時嵩密度が0.6、納入時が0.2とすると、400ℓ/㎡の水を給水する必要があります。屋上は水圧が弱い場合が多いため十分な水が確保できないケースがありますので、事前に水圧をチェックしておく必要があります。最近では、あらかじめ水分を含んだ状態で搬入される土壌のほうが取扱いは楽で飛散の心配もないため、よく使われるようになってきました。

また、土壌が飛散しないように造成後速やかに植栽を行います。できない場合には、ネット状のシートなどで覆い、そのネットが飛ばないよう十分養生します。

③ 土壌を踏まない

排水層などに使用される黒曜石パーライトは踏まれると潰れます。できるだけ踏まないように緑化場所を小割りにするなど、作業手順を考えて施工することが大事です。

風対策

セダムなど、パレット化された薄層緑化システムを導入する場合、風で基盤そのものが飛ばされないようにしっかりと機械固定をしておく必要があります。またシート状のものやブロック状の植栽基盤の場合、ネットなどで飛ばされないようにします。地下支柱の転倒強度は、十分に計算した上で形式を決定してください。できるだけ地下支柱は連結したほうが強くなります。状況によっては、竹の八つ掛け

支柱も補助に設置することも考えます。

　トレリスやパーゴラも風を十分考慮して設置することが必要です。また、デッキ材など中空構造のものは、中空部に風が入り込まないよう端部を処理しておく必要があります。平板やレンガなども風の強い場所では、合成樹脂の接着剤（弾性エポキシ樹脂や変成シリコン系樹脂など）を使用し、表面をきれいにしてから接着して固定します。

　また、アンカーを使用する場合には、押えコンクリートの厚みを確認した上で、ガイドの深さとアンカーを決定します。

耐根シートの立上がり

　耐根シートは植物の根から、防水層を保護する目的で使用されます。通常土壌面まで施工することが多いのですが、露出防水壁に直接触れる場合は、特に注意が必要です。【写真3】は耐根シートが土壌天端までしか設置されておらず、芝生のランナーが防水層を突き破った例です。このようなことから、防水層に直接触れる場合は、耐根シートを少なくとも10cm以上は上げておく必要があります。

フィルターの設置

　フィルターは下部への排水には機能しますが、横方向への排水は浸透能力が落散るようです。写真のように土壌流出を防止するため排水孔全体をフィルターで覆った場合、排水不良となり、植栽帯全体が過湿害を起こすことがあるので注意が必要です。排水孔は、黒曜石詰管や立体網状体で土壌流出を防ぐのが良いでしょう。

写真1　搬入時に水分を含んでいない超軽量土壌の場合は、現場で十分水となじませる

写真2　ガイドをしっかり固定し所定の深さまで穴を開ける

写真3　耐根シートの立上がり

写真4　フィルターの設置

5章

屋上緑化の維持管理

Q.64 屋上緑化と一般の緑化との管理方法の違いは。

A. 環境条件が異なるため、特に灌水と風対策に注意が必要。

環境条件の違いを理解する

屋上は地上と比べて風が強く、荷重制限の関係から土壌の厚さが限られ、また都市内では一般的に地上より日照時間も多くなるため余計に乾燥しやすい環境です。このため、かえって地上より良く育つ植物もあり、例えばミカンやブドウなど美味しい果実も実ります。屋上の環境条件をよく理解し、利用目的を知った上で管理を行う必要があります。

維持管理の種類

屋上・バルコニーの維持管理は建築物の管理と緑化施設の管理、植栽の管理に大別できます。各種施設の維持管理も点検・整備、塗装などが確実に行われるような体制、チェック機構を構築する必要があります。特に屋上は強風が吹く場合が多く、風による破損、飛散に注意します。

表1 屋上と地上との緑化に関わる環境の違い

環境	地上	屋上
日照	都会では十分な日照を得ることが難しい場合が多い	都会でも十分な日照が得られる場合が多い
酷暑	地表面からの水分蒸発で地面が熱くなりにくい	コンクリートの輻射熱で植物と鉢が異常高温になるため対策が必要
酷寒	自然の寒さをまともに受ける	土壌表面は寒さを受けるが、土壌中は室内の温度の影響を受けて高くなる
霜	寒害ではなく、霜や霜柱の影響で枯れる植物が多い。霜除けが必要	地上と同様の影響を受ける
雨	無降雨の日が続いても、地下水からの水分補給があり、乾燥での枯死はほとんどない	地上と異なり、地下水の上昇はなく、無降雨の日が続くと土壌中の水分がなくなる
湿度	地面(土)と庭木類で植物の生育に合った湿度が保たれる	床、壁がコンクリートなので雨水が速やかに流れ去るため湿度不足になる
夜露	夜になると夜露が降りて、葉や幹に湿りを与える	夜になると夜露が降りて、葉や幹に湿りを与える
風	台風など特別なことがないかぎり微風	一般に風が強い。階が高いほど強風。強風は土と植物を乾燥させる

① 建築物の管理

　建築物の管理では、特に排水口、ドレンの点検を頻繁に行う必要があります。また、点検の良否は、防水層の寿命に影響を与えます。

　屋上では漏水事故防止上、ドレンの詰まりに最も注意しなければなりません。枯れ葉、土壌などが床上にあると、そのときはドレンが詰まっていなくとも、風や雨で容易に移動して詰まりにつながります。したがって屋上では排水口の点検と併せて定期的に清掃することが必要になります。

② 緑化施設の管理

　緑化施設の管理としては、灌水装置とその他に池やパーゴラ、テーブル、ベンチ、土留めなどの各種施設の維持管理が入ります。灌水装置の状況は、コントローラーが確実に作動しているか、間隔・量などの設定は適切か、ノズルの目詰り、フィルターの目詰り、管の破損はないか、などです。灌水の間隔、水量は季節ごとに設定を変えたほうが節水になります。

③ 植栽の管理

　植栽は、植物の生育、伸長に合わせた適切な管理が必要となります。

　屋上での樹木の維持管理においては、生育による樹木の大幅な重量増加は、建築構造にも影響するため好ましくありません。剪定や少量施肥などで生育を抑えるなど抑制管理をすることが重要です。しかし、ハーブや草花、野菜などは別で、旺盛な生育をするように施肥などを行います。

　一般的には灌水、剪定、施肥、除草、病虫害防除その他植栽の管理は常に必要になりますが、臭いのある肥料の施肥、病虫害防除などの作業は近隣への配慮が必要になります。

　台風や強風などが事前に予測されるときは、鉢やコンテナの移動、折れる危険がある枝の剪定、支柱の点検・補強などの対策を取っておく必要があります。そのほか、鳥の害にも注意する必要があります。

参考文献　屋上開発研究会『屋上・ベランダガーデニングべからず集——これだけは知っておきたい緑化住宅の知識』（創樹社、2000）

【一般の緑化との管理の違い】

Q.65 屋上緑化とバルコニー緑化との管理方法の違いは。

A. バルコニーは防水が簡易なため留意が必要。また、近隣に迷惑がかからないよう配慮する。

バルコニー緑化の維持管理のポイント

　屋上緑化とバルコニー緑化とはひとくくりにされ同様に扱われる例が多いのですが、現実にはかなり異なった環境条件の空間であり、別の管理手法が必要です。バルコニーの環境条件をよく理解し、利用目的を知った上で管理を行う必要があります。

　バルコニーは防水がされていないか、簡易防水のため、床面に常に水が存在することは避けなければなりません。よって、コンテナでの緑化が基本です。

　庇のあるバルコニーでは、雨が吹き込んだように見えても鉢の中にまで染み込むほどは吹き込んでいません。したがって雨が降ったからといって水を遣らないでいると、しおれて枯れてしまう場合さえあります。鉢の表面だけでなく土壌中までよく観察し水を与えるようにします。

　また、バルコニーでは季節により太陽の光が届く範囲が大きく異なるため、日除けなどで日差しを制御すること、または鉢やコンテナを日差しに合わせて移動することがベランダで年間を通しての植物を管理するポイントになります。

集合住宅での注意点

　高層のバルコニーから物を落とすと、加速度がつき事故にもなりかねないため非常に危険です。手摺りの外側には絶対に鉢を掛けないでください。また、手摺りの上には短時間でも物を置かないように心がけるべきです。格子構造の手摺りでは、その隙間から物が落ちる場合もあります。風の強い日には風に煽られてバルコニーの外に物が飛び出すこともあります。軽くて飛散する可能性がある物は収納し、特に台風など強い風が予想される場合は吊り鉢、日除け、風除けなども取り外して収納したほうが無難です。

　水、花殻・落ち葉、鳥の糞など事故とまでは行かなくとも、隣家や階下の家に迷惑をかける場合があります。特に水は植物への水遣りのとき、直接外へ飛び出した物

だけでなく、鉢底から垂れた水がはねて階下に落ちる場合もあり注意が必要です。鳥に餌をあげたりすると、多くの野鳥が集まり鳴き声がうるさかったり、糞が落ちたりする場合があります。バルコニーの端に置いた植物が垂れ下がり、階下の家から見えるほどになると、日陰をつくったり、ちらちらして酷いものになります。以上のことを考慮して配置し、清掃などを行う必要があります。これらは近隣との関係が良好であれば、大きな問題とはならない場合が多く、日頃のお付き合いも大切になってくるといえます。

表1　屋上とバルコニーの緑化に関わる環境の違い

	庇のあるバルコニー	屋上
耐荷重	全体（地震荷重）60kgf/㎡以下*1 部分（床荷重）180kgf/㎡以下*2	全体（地震荷重）60kgf/㎡以下*1 部分（床荷重）180kgf/㎡以下*2
防水層	防水なし、または簡易防水	本格防水
排水層	必要	必要
防根層	コンテナを使用すれば不要	必要
フィルター	必要	必要
土壌	搬入が必要	搬入が必要
灌水	常に灌水が必要	多くの場合、夏は灌水が必要
縁	なるべくコンテナを利用	土壌を入れるための縁が必要
避難経路	避難経路となるバルコニーでは、幅60cm以上の通行できる経路を確保する	特に規制されない
日照	バルコニーの方位、庇の出と季節により日照は大きく異なる	屋上は都会でも、十分な日照が得られる場合が多い
酷暑	方位により大きく異なる	コンクリートの輻射熱で植物と鉢が高温になるため、対策が必要
酷寒	室内の暖気がバルコニーに伝わるため比較的暖かく、庭では枯れる植物も冬越しできるものがある	土壌表面は寒さを受けるが、土壌中は室内の温度の影響を受けて高くなる
霜	霜が降りないため、霜のために枯れる植物も枯れないで、冬越しする	霜だけでなく、寒風による影響もある
雨	屋根があり雨が降らないので、雨天でも水やりが必要。吹き込む雨量はごくわずか	庭と異なり地下水の上昇はなく、無降雨の日が続くと土壌中の水分がなくなる
湿度	床、壁がコンクリートなので、雨水が速やかに流れ去るため湿度不足	床、壁がコンクリートなので、雨水が速やかに流れ去るため湿度不足
夜露	屋根があるため夜露が降りず、植物は乾燥しやすい	夜になると夜露が降りて、葉や幹に湿りを与える
風	一般に風が強い。階が高いほど強風。方位により、風向が決まる	一般に風が強い。階が高いほど強風。強い風は土と植物を乾かす

（注）*1 600N/㎡、*2 1,800N/㎡

参考文献　屋上開発研究会『屋上・ベランダガーデニングべからず集——これだけは知っておきたい緑化住宅の知識』（創樹社、2000）

Q.66 植栽の年間で行う定期管理と日常的に行う維持管理の内容とは。

A. 灌水装置などの緑化施設と剪定・施肥などの植栽の管理作業を適宜行う。

維持管理体制づくり

屋上緑化での植栽の管理においては、灌水装置など緑化施設の管理と剪定・施肥など実際の植栽管理作業があります。さらに、その作業をいつ行えばよいのかの判断をするための点検・調査を行う必要があります。また、これらの管理作業は細かく明文化し、担当者が代わってもきちんと継続されるような体制づくりが重要です。

植栽の点検・調査を行う

植栽の点検・調査は、豊富な知識と経験を持ち、的確な判断ができる人が行うのが望ましいでしょう。剪定・刈込み、芝刈り、施肥、除草、病虫害防除、目土掛け、転

表1　年間管理項目の比較　(単位:/年)

管理項目	セダム緑化	芝生緑化	低木緑化	複合緑化	複合管理
排水口清掃	3回	4回	4回	4回	12回
剪定・刈込み	—	—	2回	2回	2回+適宜
芝刈り	—	3回	—	3回	3回+適宜
除草	1回	2回	2回	2回	2回+適宜
施肥	—	2回	2回	2回	2回
病虫害防除	—	1回	1回	1回	適宜
支柱点検補修	—	—	—	1回	1回+適宜
灌水装置点検	—	4回	4回	4回	12回
目土掛け		1回			
エアレーション		2〜3年に1回			
その他	補植*			花壇植替え**	花壇植替え**
管理コスト比較（芝生緑化を1として）	0.3	1	1.2	1.5	2.0

(注)＊セダムの補植は、被覆率が落ちたときに行います。＊＊花壇の植替えは、花が終わったときに行いますが、あらかじめ計画しておく必要があります

圧、樹木支柱点検・補修、花殻取り、草花植替えおよび灌水などを行うかどうか、行うとしたらどの時期か、その方法・程度を判断します。さらに植物が生長し通行、日照、通風、見通しなどに対する障害が発生したときに、そのつど緊急に障害を除去する手法を検討し、作業を指示します。また、植物の過大生長、更新樹齢への到達、植栽の機能低下などが起こった場合に伐採、伐根、移植、補植、土壌交換などの手法を検討し作業を指示します。

病虫害の発生は早期に発見できれば、簡易な、小規模な防除で防止できますが、発見が遅れると被害が拡大するだけでなく、防除に費用も増大します。また、近年は環境問題への意識の高まりから、薬剤による防除への拒否反応が増えており、薬剤を使用しない方法が求められています。病虫害の発生を早期に発見できれば枝の切除、手での補殺なども行えます。

植栽の管理形態

植栽の管理形態を検討してみると、初期管理、継続管理、障害管理、更新管理に分けられます。

① 初期管理

植栽後、植物を活着させるための管理であり、通常植栽後1年間程度です。特に植栽直後の灌水管理と、根鉢土壌、植栽用土、芝生の目土などからの埋土種子の発芽による雑草繁茂の防止策として頻繁な除草が重要となります。

② 継続管理

初期管理後の管理で、植栽が存在するかぎり継続して行うものです。その管理の内容としては、以下のものがあります。

・保護管理──植物を枯らさないために行う、不可欠で最小限の管理。
・育成管理──植物の良好な生育を図り、緑の持つ機能を高めるために行う管理。花を多く咲かせ、菜園や果樹の収穫を増やすことを目的とする。
・抑制管理──増え過ぎたり育ち過ぎたりした緑を一定限度に抑えつつ、利用性、美観性を維持するために行う管理。

③ 障害管理

植物が生長し通行、日照、通風、見通しなどに対する障害が発生したときに、そのつど緊急に障害を除去する管理。

④ 更新管理

植物の過大生長、更新樹齢への到達、もしくは病虫害などによる機能低下の場合に伐採、伐根、移植、補植、土壌交換などを行う管理。

Q.67 灌水の間隔と水量はどのくらいか。また、灌水の時間帯は。

A. 以下のポイントを押えると良い。

人の手で行うのがベスト

　屋上は基本的に雨水がかかりますが、地上と異なり地下からの水分上昇がありません。したがって保水性の良い土壌を使っても、雨の降らない日が長く続けば土壌中の水はなくなってしまいます。

　灌水量は土壌の質、容量により異なるとともに、植えられた植物の水分要求量によっても異なります。通常、タイマーやタイマー＋雨検知型、土壌水分検知型などのコントローラーを使用して制御しています。しかし、きめ細かな灌水管理ができるのであればタイマーなどによるのではなく、人が無降雨日数、雨量などを判断して定流量弁などで灌水作業を行うほうが節水になります。

間隔は日をあけて水量はたっぷりと

　毎日少量の灌水を続けると、植物の根が地表近辺に集まる、土壌表面からの水の蒸発が多くなる、また、土壌下部の乾燥状態が表面からはわからない、などのため、灌水を怠るとすぐに枯死につながってしまいます。灌水は、日をあけてたっぷりと行うのが望ましいでしょう。

　最も乾燥する夏季においては、芝生などの植栽地からの蒸発散量は4ℓ/㎡といわれています。この時期に有効水分保持量120ℓ/㎡の土壌でその厚さが15cmの芝生では保持している水分量は18ℓ/㎡であり、計算上は4.5日で土壌水分がなくなります。実際には植物の耐性などによりこの時点で枯死することはないですが、徐々に生育に影響が出始めて、15日を超える無降雨日が連続すると、枯死するところも出現します。実際の例では、黒土に30％のパーライトを混合した厚さ15cmの土壌に生育している芝生で、夏季無降雨日数20日でしおれ始め、30日で褐色になりましたが、その後降雨があり秋には緑が回復しました。したがってこのような場合でも週に1度たっぷり水をやれば枯死することはありません。

　他の季節では夏季ほど蒸発散量が多くないため、灌水の間隔は長くできます。タイマーのセットは、季節ごとに灌水間隔の設定を変えることで節水が図れます。こ

の場合、多くは灌水間隔のみを変更し、灌水量は変化させません。

灌水量は土壌が保持できる水量の半分から1/5程度

　灌水する量は、土壌が保持できる水量以下ですが、灌水後に降雨があるかもしれないことを考えると、その半分から1/5程度の量でよいでしょう。前記の例で計算すると土壌が保持しうる水分量は18ℓ/㎡であり、この1/3の6ℓ/㎡程度が1回の灌水量としては適当と考えられます。点滴パイプのドリッパー間隔40cmでパイプ間隔80cm、1ドリッパーの吐出能力が2ℓの場合、1㎡当りのドリッパー数は3.1個で1時間に6.2ℓ/㎡の水が出ます。したがって6ℓ/㎡の灌水を行う場合、約1時間灌水装置を作動させることになります。

時間帯は日中を避けて朝に行うことが望ましい

　水を与える時間は日中を避けて朝に行うことが望ましく、夕方の灌水は植物の徒長を招くので勧められません。特に鉢やプランターでは冬季夕方や夜間に水を与えると、四方から寒さが伝わり凍結を起こす恐れがあります。

　夏季の日中に灌水すると、パイプの中の水が高温になっており、生育障害を起こすことになりかねません。また、葉の表面に水滴がついた状態で強い太陽光が当たると葉焼けを起こす危険性もあります。

表1　灌水間隔と量　　　　　　　　　　　　　　　　　　　　　　　　　　　　（量の単位:ℓ/㎡）

季節	地域	土壌厚 期間	10cm 間隔	量	15cm 間隔	量	20cm 間隔	量	30cm 間隔	量	50cm 間隔	量
春季	寒冷地*	4月〜6月	3日	3	4日	5	4日	7	4日	10	4日	15
	温暖地	3月〜5月										
夏季	寒冷地	7月〜9月	2日	3	3日	5	3日	7	3日	10	3日	15
	温暖地	6月〜9月										
秋季	寒冷地	10月〜11月	3日	3	4日	5	4日	7	4日	10	4日	15
	温暖地	10月〜12月										
冬季	寒冷地	12月〜3月	停止		停止		停止		停止		停止	
	温暖地	1月〜2月	6日	3	7日	5	7日	7	7日	10	7日	15

（注）＊寒冷地は冬季の最低気温が−3.0℃以下になる地域とした

Q.68 屋上ビオトープの管理方法は。

A. 除草や清掃などを重点的に、年数回～月1回程度の点検を行う。

屋上ビオトープの管理目的

屋上ビオトープの管理目的は、①設置目的の永続的な充足、②多様な植物の発芽・開花・生育の維持、③建物設備などへの損傷防止、④第三者への危害防止などです。適切な管理を実施しないと、本来の目的を満たさないばかりでなく、安全性が失われ、施設が荒廃してしまいます。

屋上ビオトープの管理項目

屋上ビオトープの管理項目は、①樹木の枯れ葉・枯れ枝などの撤去・清掃(特にドレン周り)、②樹木の整枝・剪定、③枯れ草・優占種・外来種の除草・撤去、④施肥、⑤灌水や水辺施設などの定期点検、⑥植物に発生する病害虫の駆除などです。管理の仕事量としては、概ね③＞①＞⑤＞⑥＞②＞④の順です。②および④は年1回程度の頻度で実施される管理項目です。一方、③は、多様な植物の発芽・開花・生育の維持という観点から、最も管理手間が必要になると考えられます。管理内容としては、【写真1、2】に示すように、イネ科・カヤツリグサ科などの高茎草本類の秋から冬にかけての枯れ草除草、出現する優占種の除草、群落を形成しやすい外来種の除草などです。①に関しても、漏水などのトラブルを未然に防ぐためには、重要な管理項目になります。水辺を配置した場合には、水草の生育管理、水中ポンプの稼働状況の把握、糸状藻類の撤去などが安全や景観維持上必要になります【写真3】。また病

写真1　枯れた高茎草本の刈取り前

写真2　刈取りが必要な特定外来種(オオキンケイギク)

写真3 デッキ下に繁茂する水草の根系（循環水逸脱原因になる） 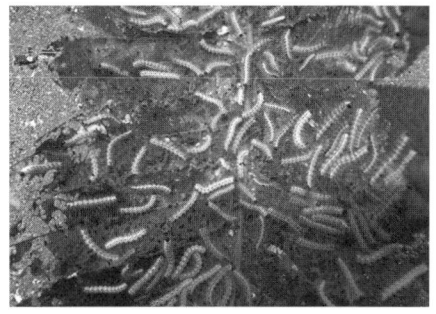　写真4 広がる前に捕獲されたアメリカシロヒトリの若齢幼虫

害虫の発生に関しては、極力農薬を使用しない処置が大切であり、日常管理において早い対応を行うことで被害を最小にすることができます【写真4】。このような管理を実施することで、多様な植物が繁茂する質の高いビオトープが維持されるのです。管理の頻度としては、常駐管理者がいるに越したことはありませんが、年数回〜月1回程度が必要とされ、専門の管理業者、ビル管理会社、管理人、居住者、施設利用者、場合によってはNPO法人などがこれに当たることになります。

良い管理がもたらす効果

良い管理を実施すると、自然の恵みや営みを享受できます。すなわち、ビオトープの土壌に使用した畑土の中に眠る埋土種子や、鳥が運んだ種子などから新たに出現する多様な植物を観察することができるでしょう【写真5】。春から初夏にかけては、様々な昆虫が孵化し、チョウが舞うのを目にすることができます【写真6】。秋になると、コオロギ、カンタン、カネタタキなどの虫の音を聞くこともできます。日本の四季折々の風情をいながらにして享受でき、生物多様性の保全にも少なからず寄与できることになるのです。

写真5 埋土種子から出現したゲンノショウコウ 　写真6 ハラビロカマキリの孵化

【屋上ビオトープの管理】

Q.69 セダム緑化の管理方法は。

A. あまり手間を必要としないが、年に3～4回程度のメンテナンスは必要。

乾燥に強いセダム緑化の維持管理

　セダム緑化は乾燥に強い多肉植物であるセダム類を利用した緑化ですから、日常的な灌水などの手間がかかりません。しかし、長期間安定した生育を確保するために下記に挙げるメンテナンスを年に3～4回程度行う必要があります。

① 除草

　施工後外部から雑草種子が飛来すると、後から雑草が生えてくることがあります。雑草の生えやすい春から夏にかけて、セダム施工箇所の雑草状況を点検し、生えている場合はセダムを踏んで傷めないよう注意しながら除草してください。除草剤など薬剤による除草はできませんので注意してください。

② 土壌の補充

　屋上では土壌の飛散を完全に防ぐことはできません。風により土壌厚が薄くなったら補充を行い、常に土壌厚を確保することがセダムの生育に大切なことです。特に建物の角部は風(負圧)が大きく作用する場所のため土壌が飛散しやすい場所です。台風など大風の後は必ず点検することが必要です。

③ 灌水

　本来乾燥に強い植物なので、雨だけでも十分に生育します。ただし目安として夏場、2週間以上も雨が降らないような場合には灌水してください。灌水は夕方涼しくなってからの時間帯、あるいは早朝、全面にまんべんなく行ってください。過度に灌水したり、日中の暑い時間帯に行うと、蒸れの原因となりセダムの生育上好ましくありません。なお人為的灌水が困難な大面積(500㎡程度以上)の緑化、勾配屋根緑化では事前に灌水システムを導入しておくことが有効です。

④ 施肥

　長期間、より安定した生育を期待するために、緩効性肥料を秋季に撒くと効果的です。散布量の目安は15～30g/㎡程度です。肥料の撒きすぎ、また夏場に施肥することはしないでください。セダムが徒長気味になったり、生育が弱くなるなど好ましくありません。

⑤ 病虫害対策

　セダムは、場合によっては地表面際に白い絹糸状のカビが発生するシラキヌ病にかかることがあったり、またヨトウムシなどの被害を受けることがあります（セダムを食い荒らしてボロボロにしてしまう）。発病や被害を予防するために散布する予防剤と、万が一被害が発生してしまった際に散布する即効薬があります。

写真1　風による土壌の飛散　　写真2　ヨトウムシによる被害　　写真3　ヨトウムシ

表1　肥料や薬剤の例

肥料	ハイコントロール085-N360［発売元：サングリーン（株）］
シラキヌ病予防剤	リゾレックス［住友化学（株）製］
シラキヌ即効薬	バリダシン［北興化学・住友化学（株）製］
ネキリムシ予防剤	カスケード［BASFアグロ（株）、旧日本サイアナミッド（株）製］
ヨトウムシ即効薬	アファーム乳剤［シンジェンタジャパン（株）製］

Q.70 減農薬・無農薬での病虫害管理の方法は。

A. 自然農薬を用いたり、あるいは少量で済む農薬使用の方法がある。

環境問題と病虫害管理

　病虫害の発生は、植物の健全な生育を妨げ、植栽の機能低下をもたらすほか、利用者や居住者に対し不快感や虫刺されなどの被害を与えます。このため病虫害の予防に努めるとともに、その発生を認めたら速やかに防除することが重要です。

　屋上は居住空間に接しており、特に人に危害を加える害虫だけでなく、ゴキブリやヤスデなど不快感を与えるものの出現も歓迎されません。これらの出現を防止するために従来は大量の薬剤を散布して対処してきました。しかし薬害や有害物質による環境問題が社会的な話題となっている状況の中で、薬剤を極力使用しない防除方法が求められています。

減農薬・無農薬管理に向けてのポイント

① 植物は旺盛に生育しているときは病虫害にかかりづらいので、まずは良好な生育を心がける。
② 単一の植物を多量に植栽すると特定の害虫が大発生するので、多種類の植物を混植することで大発生を防止する。また、多種の植物があるとクモ類やテントウムシなどの天敵の発生で多様な生態系ができ、害虫の発生があっても目立たなくなる。
③ 病虫害の予防策としては、植栽や鉢をあまり混み合わせず、日当たり・風通しを良くする。
④ チョウは好きだがケムシ・イモムシは嫌だという人も多い。このような場合、人の近寄れる場所、よく見える場所にチョウなどの餌となる植物を植え、見えない場所、近寄れない場所にケムシ、イモムシの餌となる食草を植えることを検討する。
⑤ 池などからの人の血を吸う力の発生がある場合、小魚やヤゴを飼うと発生が少なくなる。
⑥ 病虫害防除は生物の生息を考慮して植栽地の点検を頻繁に行い、極力薬剤を使用しない手法を検討し、早期発見、早期対処を心がける。早期に発見できれば広がらないうちに患部や虫のついた部分の枝を切除したり、手による補殺など、薬

剤を使用しない物理的防除も容易に行える。
⑦ ビオトープ型の屋上緑化ではクモ類、テントウムシなど天敵の発生を促し、害虫の大発生を防止することも重要。わずかな被害であれば今後の動向を見極めた上で放置することも選択肢の1つである。この手法は他の型の緑化においても有効であり、検討する価値はあると考えられる。
⑧ アブラムシなどの防除によく利用される粒状の根元に撒く移行性殺虫剤などは、野菜や果樹など口に入れる植物への使用を絶対に避ける。
⑨ 漢方や木酢、牛乳、タバコ、ビールなどの自然物を元とした自然農薬のものを使用するのが望ましい。また近年はデンプンなどで昆虫の気門をふさいで防除する資材も開発されている。

やっかいな虫への対処
① ツバキやサザンカなどに発生するチャドクガなどは特に早期発見が重要であり、発見が遅れると幼虫があちこちに散らばり防除が難しくなる。さらに薬剤で殺してもその死骸に残された毒毛が人に多大な害を与えるため、幼虫が分散する前の早期に発見し枝ごと切除することが重要である。
② ゴキブリやヤスデ、ダンゴムシなど不快感害虫はゴミの集積場所などに発生しやすいため、清掃を行いゴミが溜まらないように心がける。
③ 雨が当たらないバルコニーでは、アブラムシやハダニの発生が多い。このような場合でもしばらく我慢して放置すると、アブラムシにはテントウムシやハナアブの幼虫が、ハダニにはハダニを食べる別種のダニが発生して、被害が目立たなくなってくる。

減農薬管理での農薬の使用上の注意点
① やむをえず薬剤を使用する場合でも、発生状況を見極め極力スポット的に少量の散布に留める。
② 化学農薬を使用する場合、使用方法を熟知し希釈して使用する薬剤では正確な倍率で薄めることが大切である。最近は人に対する薬害の少ないものが多く出回っているが、古い薬剤の場合毒性が強いものも多いので、残っていても使用しないほうが無難である。
③ 散布は太陽が高い位置にある日中を避けて朝か夕方に行う。また、風のあるときは近隣に飛散する恐れがあるため避けたい。
④ 小規模の場合はビニール袋をかぶせてその中で散布すれば飛散は防げる。害虫の種類によっては、潜伏期間があったり薬剤が効きづらい卵が残ったりする場合があるので、そのようなときは繰り返し散布を行う。

Q.71 屋上緑化での除草方法は。
また、雑草と共存はできるのか。

A. 緑化の種類により、雑草と共存させることは可能。

都市環境の改善と雑草のとらえ方

　屋上緑化の目的が多様化し、それぞれの緑化目的に合わせた事例が増えてきています。その中で都市環境の改善効果、建物の省エネルギー効果のみを目的にした緑化では、基本的に緑で覆われていればよく、植物種、質は問わない場合があります。造成時の緑とその後の緑が異なっても効果はさほど変わらないため、造成費、管理費が縮減できればよいとの考え方もあります。ある意味では雑草も緑化植物と見なせます。

緑化工法・手法と除草

　現在、都市環境の改善効果、建物の省エネルギー効果のみを目的にした緑化には2つの流れがあります。1つはセダム類による超軽量の緑化工法であり、もう1つは芝生などグラウンドカバー植物を使用した軽量緑化工法です。

①セダム類による超軽量緑化工法の場合

　セダム類による超軽量緑化工法の場合、土壌の厚さが極端に薄くセダム類しか乾燥に耐えられない状態です。したがって雨の後に雑草が芽生えても、夏季の乾燥で枯死してしまうことになります。土壌が厚いと生き残る雑草もあり、背丈の高い種やつる性の種ではセダムを被覆して太陽光を奪い生育を衰えさせてしまいます。しかしこのような種のみ選択的に除草すれば、他のものはセダムの生育に大きく影響しないため残しておいても構わないことになります。しかし、セダム類による緑化は、都市環境改善効果は他の工法と比べて低いのが現状です。

②芝生などによる軽量緑化工法の場合

　芝生などによる軽量緑化工法の場合、積極的に雑草と共存させることも管理費を縮減するには有効です。雑草と共存させるには、大きく分けて2つの手法があります。1つは芝生の除草を行う代わりに頻繁な刈込みを行い、芝生と雑草が混生していても芝生としての機能を果たせる背丈のごく低い草原をつくる手法です。もう1つはチガヤなど日本における自然草原に近づけるため、刈込みなども行わず遷

移に任せる手法です。この手法の場合好ましい方向に遷移するとは限らず、セイタカアワダチソウやオオアレチノギクなどが優占する雑草地になる可能性もあります。この場合、冬季に地上茎が枯れたときに飛び火で燃える可能性もあるため、選択的に外来種、強雑草、高茎雑草、つる性雑草などを除去する必要があります。

ビオトープなど、積極的に多様な植物種によって草原を造成する場合

　ビオトープなど、積極的に多様な植物種による草原を造成する場合も、予期せぬ雑草が繁茂して期待どおりの草原にならない場合も多くなります。この場合もセイタカアワダチソウやオオアレチノギクなど外来種、強雑草、高茎雑草、つる性雑草などを選択的に除去する必要があります。

灌木などの植栽地の場合

　灌木などの植栽地では、小さな雑草は生えていても目立たないため、放置することも可能です。しかし背丈の高くなる雑草、つる性の雑草は除去しないと景観的に悪くなるだけでなく植物の生育にも影響します。したがって、灌木の間から飛び抜けて伸び出したものを除去するだけの簡易な除草は行わなければなりません。

写真1　東京農業大学屋上のチガヤ草原

写真2　新潟市民芸術文化会館屋上の草地

写真3　都市基盤整備公団の無管理屋上緑化実験（土壌厚15cm、優占植物は外来種のメリケンカルカヤ）

写真4　都市基盤整備公団の無管理屋上緑化実験（土壌厚10cm、優占植物は在来種のチガヤ）

Q.72 屋上緑化での鳥害の防止対策は。

A. 防鳥ネットをかぶせるか、テグスを格子状に張り付けるなどの対策がある。

生物相を豊かにする屋上と鳥の害

　野鳥や昆虫を呼び寄せることは、個人の楽しみだけでなく都市全体の生物相を豊かにすることにつながります。餌となる花や実をつける植物を植えることにより、鳥を集めることが望ましいです。しかし、餌台を設け1年中餌を与えて野鳥を集めることは、生態系を乱すことにつながるため勧められません。都市内では野鳥の水浴び場（バード・バス）、砂浴び場が少ないためそれらを提供することも大切で、地上と異なりネコの心配をせずに水・砂浴びができる場所として屋上は貴重な空間です。また、小さな屋上のビオトープでも、地域のビオトープネットワークの一部として役割が生じ、多様な生物が生息できるような都市環境づくりに役立ちます。

　反対に屋上やバルコニーで、鳥による害もいくつか報告されています。

①カラスによる害

　カラスによる害では、張り付け直後の芝生を裏返される例が多く、また、小さな草花などは植え付け後に引き抜かれることもあります。早春には巣材を集めるため、屋上からいろいろなものを持ち去り、他の季節には物を持ち込むことも多いです。植物ラベルなど小さなものを、抜いて楽しんでいるようなこともあります。

②ハトによる被害

　ハトに餌付けをすると、多数のハトが押し寄せ、その糞や抜けた羽根、食べ残した餌がドレンを詰まらせる恐れがあります。また、植栽したセダムの葉を食べられほとんど丸裸になったとの報告もあります。

③その他の鳥による害

　屋上菜園や果樹園では、自然界で鳥の餌が少なくなる冬から早春にかけて食害を受けやすくなります。葉もの野菜など、大群の鳥に食べられ人の口に入らないことさえあります。しかし、カリフラワーやブロッコリーは、人の食べる固まった花の部分は食べられていない例もあります。ダイコンなど、辛みのあるものも苦手のようです。キイチゴやブルーベリーは大きさがちょうどいいのか、熟したものから食べられてしまいます。

鳥の害を防ぐには

　カラスによる植物の引き抜き防止のためには、防鳥ネットをかぶせるか、テグスを格子状に張り付けるなどの防鳥対策を取ります。テグスは、輪にしたものを吊り下げるとより効果があるようです。防鳥ネットは、張り付け直後の芝の風による飛散を防止でき、露出した土壌面からの土壌飛散も少なくすることができます。

　カラスはローズマリーなど匂いの強い植物が苦手のようで、寄り付かなくなるとのことなので、それらの植物を周囲に植えるのも一手法です。

　乾いた土壌が露出していると、鳥の砂浴び場となり土壌を周囲に飛散させるため、裸地をつくらないことも重要です。

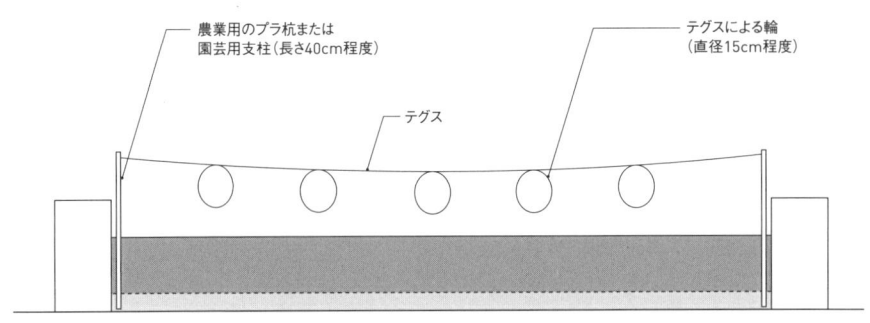

・設置間隔は2m程度
・輪をつくると、より効果が上がる
・輪をつくらない場合は、設置間隔を狭めるかあるいは縦横方向に張る
・農業用資材に市販品あり

図1　カラスを防ぐためのテグスの取り付け

写真1　ヒヨドリによって食害されたカリフラワー

写真2　鳥の砂浴びの跡

資料

屋上緑化の推進制度

屋上緑化・壁面緑化(以降、屋上緑化などという)の普及推進に関しては、すでに国や一部の地方自治体において様々な制度が整備され実行されています。また、これからも大都市を中心に多くの自治体で、新たな普及推進制度が制定されることが予想されます。現在(2012年4月現在)整備されている制度を整理すると、以下のようになります。

① 緑化を義務付け、普及推進を図る制度

(1) 緑化を法的に義務付ける制度

都市緑地法に基づく緑化地域制度を活用して、開発時に敷地内の緑化を義務付ける制度。屋上緑化などを算定することが可能。
→現在、名古屋市、横浜市、東京都世田谷区などで制度化されています。

(2) 緑化を条例で義務付ける制度

a.屋上緑化を義務付けるもの
一定の要件に適合する建築物について、地上部などの緑化とともに一定規模以上の屋上緑化の実施を義務付けている制度。
→現在、東京都、兵庫県、埼玉県、京都府、大阪府などで制度化されています。

b.緑化基準に屋上緑化面積が算入されるもの
開発行為などにおいて緑化の面積基準が定められている場合に、一定の割合で屋上緑化などの面積を算入することができる制度。

② 緑化にかかる費用を軽減し、普及推進を図る制限

(1) 緑化にかかる費用を融資する制度

一定の要件に適合する緑化の費用に対し、一定限度内で融資が受けられる制度。
→東京都葛飾区の屋上緑化・壁面緑化資金融資や、住宅金融支援機構のマンション共用部分リフォーム融資などがあります。

(2) 緑化にかかる費用を助成する制度

一定の要件に適合する緑化の費用に対し、一定限度以内の補助が受けられる制度。
→現在、多くの地方自治体が各種の補助要件(面概要件、緑化の質・内容など)に基づき助成を行っています。

③ 都市開発諸制度の運用により、屋上緑化などの普及を推進する制度

屋上緑化で容積率を割増する制度であり、特定街区、再開発地区計画、高度利用

地区、総合設計制度などの都市計画諸制度の運用で容積率の割増が認められます。
→現在、東京都や大阪府、大阪市、神戸市などで制度化されています。

④ **その他、屋上緑化に関する技術指導や助言、資材の提供などを行う制度**
屋上緑化に関する技術指導や助言、資材の提供などを行う制度。緑化に関する協議などの中で技術的な指導を行っている自治体があります。また、屋上緑化などに必要な植物資材などの支給を行っている自治体もあります。

なお、これらの制度については、都市緑化機構のウェブサイトで具体的な事例を紹介していますので参考にしてください(http://www.urbangreen.or.jp)。

屋上緑化の普及状況

平成12(2000)年以降、屋上緑化の整備ストック量は着実に増加してきています。具体的な施工面積の推移は、国土交通省の「全国屋上・壁面緑化施工実績調査」として公表されています。

国土交通省による「全国屋上・壁面緑化施工面積調査」

　平成15(2003)年以前、全国における屋上緑化の整備実績については、統計がない状況でした。国土交通省公園緑地・景観課(当時は公園緑地課)では、屋上緑化の施工面積や普及状況を把握するための基礎資料とすることを目的として、全国屋上緑化施工面積調査を実施することとなりました。また、翌年からは壁面緑化の施工面積調査も併せて実施しています。この調査は、全国の屋上・壁面緑化の施工に携わる多くの企業のご協力によって実現しているものです。

　平成22(2010)年調査では、対象者数が造園建設会社165社、総合建設会社193社、屋上緑化関連資材等販売・施工会社77社、合計435社を対象とし、調査回収224通を得ました(回収率:51.5%*1)。

広がる屋上緑化の普及

　平成12(2000)～22(2010)年の11年間に、施工の報告がなされた屋上緑化は、全国で合計3,041,280㎡となりました。屋上緑化の施工面積は、平成12(2000)年以降、20(2008)年まで増加し、21(2009)年に減少しましたが、22(2010)年はほぼ横ばいになっていると推定されます【図1】。毎年の施工面積であるフロー(棒グラフ)では、増減の傾向が出てきているものの、都市内に存在する屋上緑化の総量(折れ線グラフ)としては毎年着実に拡大してきている傾向がわかります。

　平成16(2004)年以降のこの調査に関する報道発表資料は、国土交通省のウェブサイトから参照できます(例:平成22(2010)年／http://www.mlit.go.jp/report/press/toshi10_hh_000075.html)。

注　*1 調査では重複を回避するため、例えば、元請企業と下請企業などからの回答が二重三重に集計されないよう、物件の住所、施設名、竣工年月、規模、用途などを照合し、属性が類似する物件を確認して重複物件の排除作業を実施している。

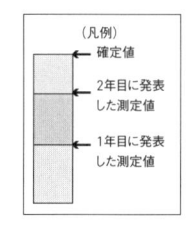

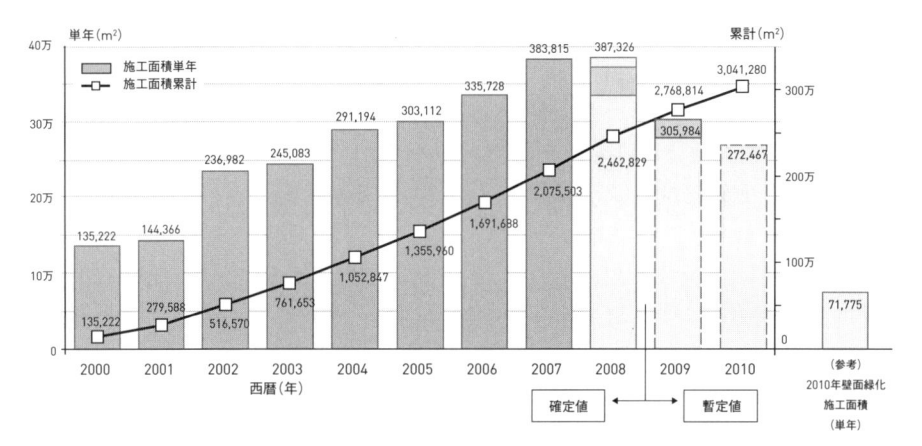

(凡例)
- 確定値
- 2年目に発表した測定値
- 1年目に発表した測定値

単年(m²) / 累計(m²)

年	単年	累計
2000	135,222	135,222
2001	144,366	279,588
2002	236,982	516,570
2003	245,083	761,653
2004	291,194	1,052,847
2005	303,112	1,355,960
2006	335,728	1,691,688
2007	383,815	2,075,503
2008	387,326	2,462,829
2009	305,984	2,768,814
2010	272,467	3,041,280

2008: 確定値 / 2009・2010: 暫定値

(参考) 2010年壁面緑化施工面積(単年) 71,775

(注)
・本調査では、当該年度の施工実績を3ヵ年にわたって継続的に調査しているため、2008年および2009年の数値は、前年の調査結果に対し、データの追加や重複データの整理などを行っている結果、前年度の記者発表資料と異なる値となる。また、2008年の施工面積については、本資料が確定値となる。

屋上緑化 (m²)

	2008	2009	2010
暫定値(1年目)	336,446	279,280	272,467
暫定値(2年目)	371,387	305,984	—
確定値	387,326	—	—

壁面緑化 (m²)

	2008	2009	2010
暫定値(1年目)	75,431	63,737	71,775
暫定値(2年目)	86,248	66,997	—
確定値	87,903	—	—

・2009年の屋上緑化施工面積は、暫定値(1年目)279,280m²→暫定値(2年目)305,984m²と9.6%増になったが、2010年の暫定値(1年目)272,467m²は、2009年の暫定値(一年目)279,280m²の97.5%であることから、屋上緑化の施工面積については確定値においてほぼ横ばいとなることが推定される。

・壁面緑化施工面積は、2010年の暫定値(1年目)71,775m²が2009年の暫定値(2年目)66,997m²を上回っており、増加傾向にあることが推定される。

図1 平成22(2010)年「全国屋上・壁面緑化施工面積調査」屋上緑化施工面積の推移[2]

参考文献 [2] 国土交通省都市局公園緑地・景観課緑地環境室、報道発表資料「新たな屋上・壁面緑化空間が創出されています 平成22年全国屋上・壁面緑化施工実績調査について」(2011年8月31日)

屋上緑化の建物用途

屋上緑化が行われている建築物は平成12（2000）年以降の総整備量でみると住宅／共同住宅が最も多くなっています。
ただし、単年度でみると平成23年度は、それまで最も多かった住宅が減少して、工場・倉庫・車庫などの割合が増えてきている傾向がうかがえます。

住宅／共同住宅の整備が大きい

174ページで紹介した国土交通省「全国屋上・壁面緑化施工面積調査」では、整備量といった量的な面での把握と共に、屋上緑化がされている建築の種別や、屋上緑化の植栽種類など、緑化の質的な面についても把握されています。

屋上緑化がされている建物の種類としては、平成12（2000）～22（2010）年合計で、住宅／共同住宅が23.0％と最も大きくなりました。経年的に見ても住宅／共同住宅は、毎年単年でみても最も多く整備されてきましたが、平成22（2010）年になって住宅共同住宅（12.1％）となったのに対し、工場・倉庫・車庫（14.9％）、教育文化施設（14.7％）、商業施設（13.6％）となっています【図1】。

既設・増改築での普及が増える

屋上緑化では新設での実績が多く、平成14（2002）年以降は概ね80％となっていました。しかし、やや増減があるものの徐々に割合を増加しており、平成22（2010）年は、既設・増改築における緑化の割合が過去最大になりました【図2】。

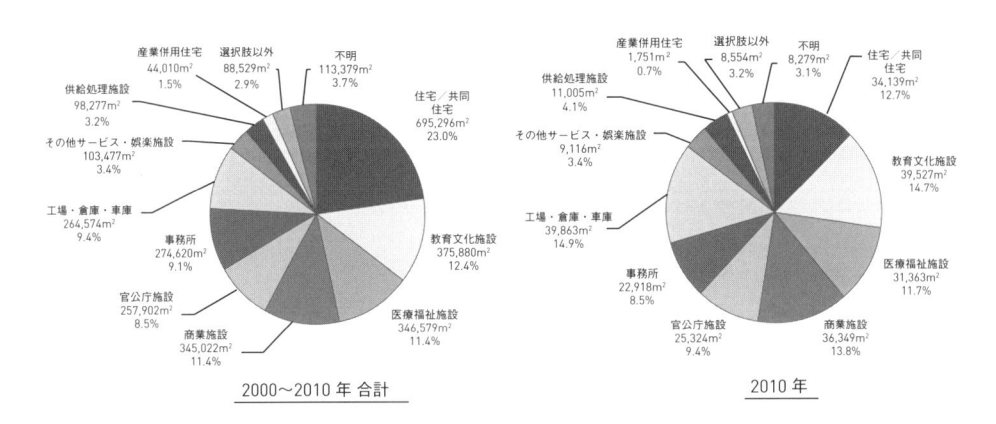

図1　屋上緑化がされている建物の種類*1

「固定資産の価格等に関する概要調書総括表（総務省、平成22年）」によると、全国の家屋面積は、課税・非課税合計で847,779haと非常に大きな面積を占めています。既設・増改築は、今後の屋上緑化の普及を考える上で重要な要素になると考えられます。

屋上緑化がされている建物の種類と屋上緑化について

「全国屋上・壁面緑化施工面積調査」では、屋上緑化が様々な建物の種類において、整備されている傾向がわかります。また、こうした調査結果とは別に、(財)都市緑化機構の主催する「屋上・壁面・特殊緑化技術コンクール」(http://www.urbangreen.or.jp/)においても、建物の用途に応じた屋上緑化を行い、建物に魅力を付加するような事例が生み出されつつあることがわかります。受賞作品を見ることで、屋上緑化の優れたアイディアを把握することができますので併せて参照してください。

屋上緑化は、植栽を活かし、人との関わりの中で、建物に新しい魅力的な機能をもたせることができる空間です。多くの実績が積み上げられる中で、その空間の活用方法が徐々に進化してきているともいえるのではないでしょうか。

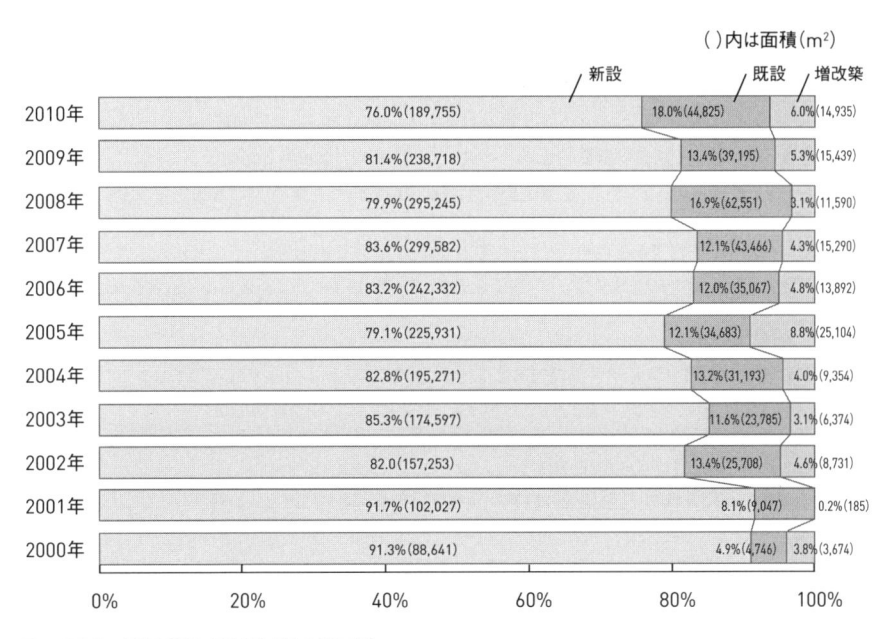

( )内は面積(m^2)

年	新設	既設	増改築
2010年	76.0%(189,755)	18.0%(44,825)	6.0%(14,935)
2009年	81.4%(238,718)	13.4%(39,195)	5.3%(15,439)
2008年	79.9%(295,245)	16.9%(62,551)	3.1%(11,590)
2007年	83.6%(299,582)	12.1%(43,466)	4.3%(15,290)
2006年	83.2%(242,332)	12.0%(35,067)	4.8%(13,892)
2005年	79.1%(225,931)	12.1%(34,683)	8.8%(25,104)
2004年	82.8%(195,271)	13.2%(31,193)	4.0%(9,354)
2003年	85.3%(174,597)	11.6%(23,785)	3.1%(6,374)
2002年	82.0%(157,253)	13.4%(25,708)	4.6%(8,731)
2001年	91.7%(102,027)	8.1%(9,047)	0.2%(185)
2000年	91.3%(88,641)	4.9%(4,746)	3.8%(3,674)

図2　建築物の新築既設別、屋上緑化割合の経年変化*1

参考文献　*1 国土交通省都市局公園緑地・景観課緑地環境室、報道発表資料「新たな屋上・壁面緑化空間が創出されています　平成22年全国屋上・壁面緑化施工実績調査について」(2011年8月31日)

主な参考図書・文献

- (財)都市緑化技術開発機構・特殊緑化共同研究会編『新・緑空間デザイン技術マニュアル(特殊空間緑化シリーズ2)』(誠文堂新光社、1996)
- (財)都市緑化技術開発機構『環境共生時代の都市緑化技術――屋上・壁面緑化技術のてびき』(大蔵省印刷局、1999)
- 屋上開発研究会『屋上・ベランダガーデニングべからず集――これだけは知っておきたい緑化住宅の知識』(創樹社、2000)
- 建築思潮研究所編『[建築設計資料]85屋上緑化・壁面緑化――環境共生への道』(建築資料研究社、2002)
- 日経アーキテクチュア編『実例に学ぶ屋上緑化――設計〜施工〜メンテナンスの勘所(日経BPムック)』(日経BP社、2003)
- (財)都市緑化技術開発機構・特殊緑化共同研究会編『新・緑空間デザイン設計・施工マニュアル(特殊空間緑化シリーズ4)』(誠文堂新光社、2004)
- (社)日本建築学会『建築物荷重指針・同解説』(日本建築学会、2004)
- 建物緑化編集委員会編『屋上・建物緑化辞典』(産業調査会、2005)
- 豊田幸夫『エコ&ヒーリング・ランドスケープ――環境配慮と癒しの環境づくり』(鹿島出版会、2005)
- 日経アーキテクチュア編『実例に学ぶ屋上緑化2』(日経BP社、2006)
- (社)日本建築学会『建築工事標準仕様書・同解説JASS8――防水工事』(日本建築学会、2008)
- 日経アーキテクチュア編『建築緑化入門――屋上緑化・壁面緑化・室内緑化を極める!(日経BPムック)』(日経BP社、2009)
- NPO法人屋上開発研究会企画編集『[改訂版]屋上緑化設計・施工ハンドブック』(マルモ出版、2009)
- NPO法人屋上開発研究会・壁面緑化WG企画編集『「美しいまちをつくる」ための壁面緑化』(マルモ出版、2009)
- NPO法人緑のカーテン応援団編著『緑のカーテンの育て方・楽しみ方』(創森社、2009)
- 尾島俊雄監修、クールシティ・エコシティ普及促進勉強会『緑水風を生かした建築・都市計画――THE COOL CITY 脱ヒートアイランド戦略』(建築技術、2010)
- 国土交通省大臣官房官庁営繕部監修、(社)公共建築協会編『建築工事監理指針』(公共建築協会、2010)
- 国土交通省大臣官房官庁営繕部監修、(財)建築保全センター編『建築改修工事監理指針』(建築保全センター、2010)
- 山田宏之監修『都市緑化の最新技術と動向(地球環境シリーズ)』(シーエムシー出版、2011)
- 「建築知識」2011年7月号(特集:暑さ・節電対策は建築植栽からはじめよう!)(エクスナレッジ、2011)
- 建築知識編『最高の植栽をデザインする方法(エクスナレッジムック)』(エクスナレッジ、2011)
- NPO法人屋上開発研究会・開発部会WG企画・監修・編著『WHAT IS POSSIBLE IN GREEN WALLS? ――壁面緑化に何が可能か?』(マルモ出版、2011)
- (財)都市緑化技術開発機構・特殊緑化共同研究会編著『[新版]知っておきたい壁面緑化のQ&A』(鹿島出版会、2012)

主な屋上緑化資材メーカー　　　　　　　　　　　　　　　　　（五十音順）

メーカー名	ウェブサイト	内容
ITCグリーン&ウォーター	http://www.itcgw.jp/green/green.html	薄層緑化工法など
イケガミ	http://www.aqasoil.co.jp/	無機質系軽量土壌と工法など
イビデングリーンテック	http://www.ibiden.co.jp/ibgt/	人工軽量土壌、屋上緑化資材など
エコグリーンネットワーク	http://www.eco-gnw.com/	軽量土壌、屋上緑化資材、薄層緑化など関連メーカーの紹介
カネソウ	http://www.kaneso.co.jp/	ルーフドレンカバー、見切り材、雨水貯留タンクなど
積水化成品工業	http://www.sekisuiplastics.co.jp/	嵩上げ材、排水マットなど
第一機材	http://www.dkc.jp/	ルーフドレンカバー、ステンレス製防塵網など
ダイトウテクノグリーン	http://www.daitoutg.co.jp/	有機質軽量土壌、連結型コンテナなど
大日本プラスチックス	http://www.daipla.co.jp/	排水パネル、合成樹脂透水管、緑化舗装、雨水貯留タンク、農業資材など
田島緑化	http://www.tajima-gwave.jp/	耐根シート、排水パネル、セダム緑化、薄層緑化、土留め材など
東邦レオ	http://www.toho-leo.co.jp/	軽量土壌、貯排水ボード、灌水システム材、地下支柱、薄層屋上緑化システム材など
トーシンコーポレーション	http://www.toshin-grc.co.jp/	GRCシステムコンテナ、FRPコンテナ、各種コンテナなど
トヨタルーフガーデン	http://www.toyota-roofgarden.co.jp/	薄層軽量芝活着マット、バンパーリサイクル材ユニットコンテナなど
日本地工	http://www.chiko.co.jp/	地下支柱、薄層緑化、軽量土壌、排水資材など
日本メサライト工業	http://www.mitsui-kinzoku.co.jp/group/mesalite	人工軽量骨材、マルチング材など
三井金属鉱業パーライト	http://www.mitsui-kinzoku.co.jp/	真珠岩パーライト、軽量土壌など
リス興業	http://www.risu.co.jp/risukogyo/	底面給水型緑化コンテナ、FRPコンテナ、雨水貯留施設など
綿半インテック	http://www.watahan-intec.co.jp/green/garden/index.html	セダム緑化、薄層緑化など

おわりに

　このたび、『[新版]知っておきたい 屋上緑化のQ&A』を皆さまにお届けすることができました。
　本書は、2003年の初版刊行以来、屋上緑化の計画や、設計、資材開発などに関わる専門的な方々から、学生、行政関係者をはじめ、一般のガーデニング愛好者の皆さまに広く利用していただくことができました。この書籍が多く読まれていることをとおして、市民の皆さんが、屋上緑化という空間を当たり前の空間として受け入れつつあるのではないかと感じています。
　私たち財団法人 都市緑化機構 特殊緑化共同研究会のメンバーは、初版刊行以降、多くの屋上緑化事例の計画・設計・施工・管理に携わるとともに、その更なる普及に向けてどのような技術や情報が必要かを皆で議論してきました。そして、会員が共同で試験区を設置して新たな技術的な知見を得たり、資材を持ち寄って資材の性能についての検討をするなどして新たな知見を蓄えてきました。それらの成果を本書に盛り込み、新版としてお届けいたします。
　本書が、皆さまの屋上緑化への理解の一助となることを祈念してやみません。ぜひ、お読みになった感想をお寄せいただければと思います。皆さまからのご意見やご感想を元に、ますます屋上緑化の普及推進に役立てていきたいと考えております。
　本書の出版にあたりまして、国土交通省都市局公園緑地・景観課をはじめ、一般社団法人 日本プレハブ駐車場工業会の緑化部会の皆さまなど、多くの皆さまからのご支援をいただきました。厚く御礼を申し上げます。
　そして最後になりますが、本書の企画段階から、執筆、編集、校正に至るまで、気長に、やさしく、ときには叱咤激励しご指導いただきました鹿島出版会の皆さまに厚く御礼申し上げます。

財団法人 都市緑化機構 特殊緑化共同研究会

財団法人 都市緑化機構・事務局

輿水 肇
小川陽一
五十嵐 誠(前任)
半田眞理子
佐藤忠継(前任)
菊地新一(前任)
韓 圭希(前任)
藤田知己(前任)
今井一隆
小松尚美

財団法人 都市緑化機構 特殊緑化共同研究会・名簿
(2011.4～2012.3、新版執筆時。社名五十音順)

正会員

会社名称	氏名	ウェブサイト
ITCグリーン&ウォーター(株)	馬詰大輔	http://www.itcgw.jp/green/green.html
(株)朝日興産	高橋清人	http://www.asahi-ko-san.co.jp/green_park.html
(株)石勝エクステリア	松村浩明	http://www.ishikatsu.co.jp/
イビデングリーンテック(株)	佐藤忠継、直木 哲	http://www.ibiden.com/ibgt/
内山緑地建設(株)	関根 武	http://www.uchiyama-net.co.jp/
共同カイテック(株)	須長陽一	http://www.ky-tec.co.jp/
小岩金網(株)	佐藤良信	http://www.koiwa.co.jp/
(株)静岡グリーンサービス	櫻井 淳	http://www.greensv.co.jp/
清水建設(株)	橘 大介	http://www.shimz.co.jp/
(株)杉孝	並河康一	http://www.hekimenryokuka.com/
住友林業緑化(株)	日下部友昭	http://www.sumirin-sfl.co.jp/
西武造園(株)	高橋尚史	http://www.seibu-la.co.jp/
ダイトウテクノグリーン(株)	牧 隆、村岡義哲	http://www.daitoutg.co.jp/
大日本プラスチックス(株)	松山眞三、細川洋志	http://www.daipla.co.jp/
田島緑化(株)	後藤良昭、石井宏美	http://www.tajima-gwave.jp/
(株)トーシンコーポレーション	杉本英樹	http://www.toshin-grc.co.jp/
トヨタルーフガーデン(株)	瀧澤哲也、鎌田由里	http://www.toyota-roofgarden.co.jp/
東邦レオ(株)	梶川昭則、前田正明	http://www.toho-leo.co.jp/
日本地工(株)	細谷俊之	http://green.chiko.co.jp/
箱根植木(株)	渡邊敬太	http://www.hakone-ueki.com/index-j.htm
(株)日比谷アメニス	武内孝純	http://www.amenis.co.jp/
(株)富士植木	大畠雅弘	http://www.fujiueki.co.jp/
(株)ランドスケープデザイン	豊田幸夫	http://www.ldc.co.jp
(有)緑花技研	藤田 茂	http://www.r-giken.co.jp
レイ・ソーラデザイン(株)	大森僚次	http://www.eco-gnw.com/
綿半インテック(株)	園原正二、秋田叔彦、柴山千穂里	http://www.watahan-intec.co.jp/green/garden/index.html

個人会員

石川嘉崇	
狩谷達之	
菊地新一	

本書執筆者一覧　　　　　　　　　　　　　　　　　　　　　　　（五十音順）

石井宏美［田島緑化(株)］……**Q.34**
石川嘉崇［電源開発(株)］……**Q.01、Q.03、Q.04、Q.07、Q.13**
狩谷達之［(株)環境・グリーンエンジニア］……**Q.09、Q.11**
梶川昭則［東邦レオ(株)］……**Q.10**
後藤良昭［田島緑化(株)］……**Q.33、Q.35、Q.43、Q.44、Q.47、Q.48、Q.69**
佐藤忠継［イビデングリーンテック(株)］……**Q.23**
橘 大介［清水建設(株)］……**Q.12、Q.14、Q.17～Q.20、Q.22、Q.25、Q.29～Q.31、Q.45、Q.46、Q.51、Q.68**
霊山明夫［(一社)日本公園緑地協会］……**Q.15**
手塚久雄［積水化成品工業(株)］……**Q.42**
豊田幸夫［(株)ランドスケープデザイン、本書編集リーダー］……**Q.21、Q.27、Q.28、Q.32、Q.36～Q.41、Q.49、Q.50、Q.52、Q.53、Q.57**
仲川岳人［ベリディアン・アジア］……**Q.16**
野島義照［東邦レオ(株)］……**Q.02、Q.05、Q.06**
半田眞理子［(財)都市緑化機構］……**Q.03**
藤田 茂［(有)緑花技研］……**Q.26、Q.63～Q.67、Q.70～Q.72**
前田正明［屋上緑化マネジメントサービス］……**Q.24、Q.54～Q.56、Q.58～Q.62**
山田宏之［大阪府立大学］……**Q.08**

[新版]
知っておきたい 屋上緑化のQ&A

2012年6月15日 第1刷発行
2013年5月30日 第2刷発行

編著者	財団法人 都市緑化機構 特殊緑化共同研究会
発行者	鹿島光一
発行所	鹿島出版会
	104-0028 東京都中央区八重洲2-5-14
	電話 03-6202-5200
	振替 00160-2-180883
デザイン	高木達樹(しまうまデザイン)
印刷製本	三美印刷

©Organization for Landscape and Urban Green Infrastructure
2012, Printed in Japan
ISBN 978-4-306-03363-4 C3052

落丁・乱丁本はお取り替えいたします。
本書の無断複製(コピー)は著作権法上での例外を除き禁じられています。
また、代行業者等に依頼してスキャンやデジタル化することは、
たとえ個人や家庭内の利用を目的とする場合でも著作権法違反です。

本書の内容に関するご意見・ご感想は下記までお寄せ下さい。
URL: http://www.kajima-publishing.co.jp/
e-mail: info@kajima-publishing.co.jp